CNC 선반과 머시닝 센터

박성모 · 백현정 · 오태균 · 구자옥 공저

머 리 말

급변하는 현대산업사회는 제품의 생산에 있어 대량화, 자동화, 다양화 등 과거에 비해 그 변화속도가 매우 빠르게 변화하고 있으며 이에 맞추어 생산현장의 기술 역시 눈부신 발전을 거듭해 왔다.

이러한 생산현장의 기술적 발전은 제품의 생산에 있어 정밀도 및 생산속도 등에 있어 더욱 정밀하고 복잡한 제품을 쉽고 빠르게 생산할 수 있는 방향으로 변화를 거듭해 왔다.

이러한 요구에 따라 각종 공작기계에 의한 부품가공에 있어서도 과거의 범용공작기계로부터 CNC공작기계에 의한 가공생산으로 변화해 왔으며 이제 산업현장에서도 제품가공시 CNC공작기계는 필수적인 가공수단이 되었다.

이 책은 CNC공작기계를 처음 대하는 초보자가 CNC공작기계의 기본이라 할 수 있는 CNC선반과 머시닝센터를 CNC프로그램의 기초로부터 프로그램작성과 가공을 위한 운전방법에 이르기까지 손쉽게 이해하고 습득할 수 있도록 2편에 걸쳐 아래와 같은 사항에 역점을 두고 편찬하였다.

1. CNC공작기계의 기본적인 운전방법과 프로그램을 위한 각종 코드의 사용방법을 쉽게 기술하여 학습자가 예제 프로그램을 스스로 작성하고 가공할 수 있는 능력을 배양할 수 있도록 하였다.
2. CNC선반은 교육현장에 많이 보급되어 있는 기종으로 본체는 광주남선의 Mecca-3와 콘트롤러는 SENTROL-11L 기종을 기준으로 편찬하였다.
3. 머시닝센터 역시 교육현장에 많이 보급되어 있는 통일중공업의 TNV-40A본체와 SENTROL-11M 콘트롤러를 기준으로 편찬하였다.

이 책은 그간 저자들이 다년간 교육현장에서 학생들을 가르치며 사용한 자료들을 정리하여 편찬함으로서 내용중 일부 현장과 상이한 점을 연락해 주시면 추후 지속적인 개정을 통하여 내용을 보완하고자 합니다.

저자 씀

차 례

제1편 CNC 선반

제1장 CNC 프로그래밍의 기본

제2장 CNC 선반의 구조와 기능

제3장 CNC 선반의 운용

제4장 좌표계 설정과 공구 보정

제5장 프로그램 작성 및 편집

제6장 프로그램의 입력과 편집의 실행

제4장 공구 보정

제5장 고정 사이클을 이용한 프로그래밍

제6장 일상운전 및 조작

제7장 프로그램 편집 및 가공

✱ 참 고

제 1 편

CNC 선반

CNC 프로그래밍의 기본

1.1 CNC의 개요

1.1.1 NC의 개요

(1) NC(KSB 0125)

① Numerical Control의 약자로서 수치제어라고 한다.

② "공작물에 대한 공구의 위치를 그것에 대응하는 수치와 부호로 구성된 정보로 기계의 운전을 자동제어"하는 것을 말한다.
즉, 가공물의 형상이나 가공조건의 정보를 펀치한 지령테이프를 만들고 이것을 정보처리회로가 읽어 들여 지령펄스를 발생시켜 서보기구를 구동시킴으로써 지령한 대로 가공을 자동적으로 실행하는 제어방식이다.

(2) CNC

① Computerized Numerical Control의 약자로서 컴퓨터를 내장한 NC를 의미한다.

② 최근 생산되는 CNC를 통상 NC라 부르고, NC와 CNC를 외관상으로 쉽게 구별하는 방법은 모니터가 있는 것과 없는 것으로 구별할 수 있다.

③ CNC 프로그래밍(Programming) : 사람이 이해하도록 되어 있는 도면을 CNC가 이해할 수 있는 언어로 바꾸어 주는 작업이다.

(3) NC 공작기계의 역사

① 1807년 펀치카드 시스템(쟈코드, 프랑스) : 직물기계에 적용
② 1947~1949년 NC시스템(MIT, 파슨즈, 미국) : 헬리콥터 날개제작 중 착안
③ 1952년 MIT NC 밀링머신 시제품생산

(4) NC 공작기계의 정보 흐름

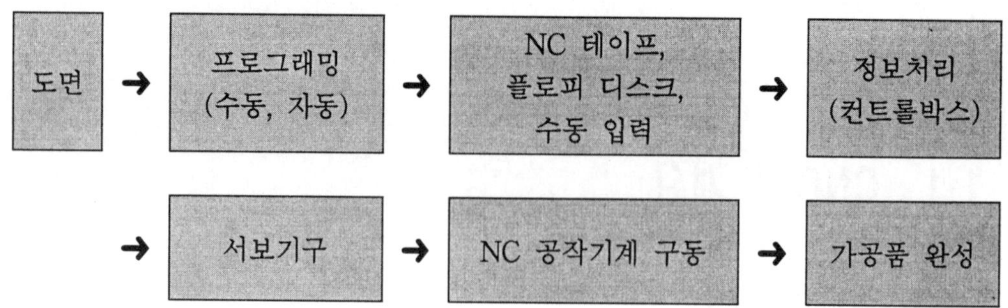

(5) NC 공작기계의 장점

① 제품의 균일성을 향상시킬 수 있다.
② 생산능률 증대를 꾀할 수 있다.
③ 제조원가 및 인건비를 절감할 수 있다.
④ 특수공구 제작의 불필요 등 공구 관리비를 절감할 수 있다.
⑤ 작업자의 피로감소를 꾀할 수 있다.
⑥ 제품의 난이성과 비례로 가공성을 증대시킬 수 있다.

1.1.2 좌표계와 좌표치

(1) 오른손 좌표계와 왼손 좌표계

① 프로그래밍할 때의 도면 및 공작물의 좌표계는 표준 좌표계, 즉 오른손 좌표계를 사용한다.
② 먼저 2축이 결정되면 2차원 좌표계가 설정된다. 2축의 교점을 좌표 원점이라 하며 그 평면상의 모든 위치는 2축의 좌표축 상에 대응하는 값으로 표현할 수 있다.

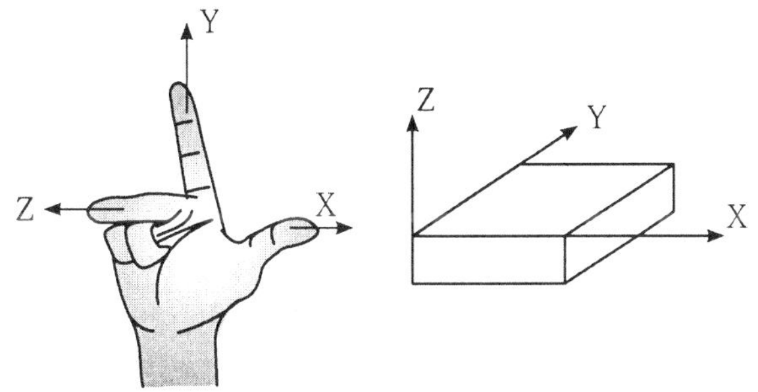

오른손 좌표계(표준 좌표계)

③ 선반 프로그램 작성시 좌표계 설정은 다음과 같다.

- 길이 방향(가로 방향) : 주축에서 심압대쪽으로 멀어지는 방향이 +Z방향
- 직경 방향(세로 방향) : 주축 중심선에서 멀어지는 방향이 +X방향

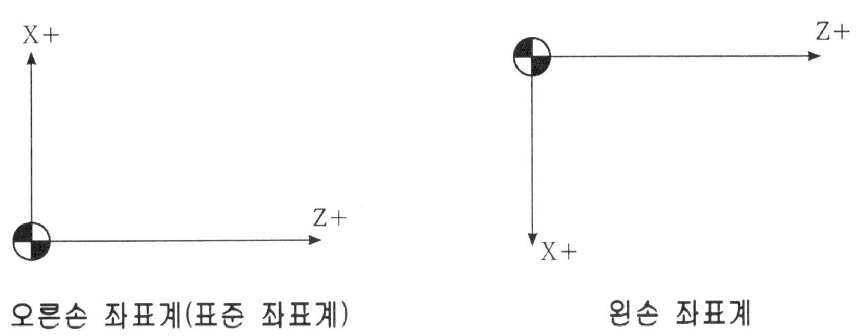

오른손 좌표계(표준 좌표계)　　　　왼손 좌표계

주 ⊕ : 좌표계의 원점을 표시하는 기호로서 각축의 좌표값이 0이 되는 점을 의미함.

(2) CNC에서의 좌표계의 종류

(가) 기계 좌표계(기계 좌표)

① 원점 복귀를 할 때 공구가 정지한 점을 기계 원점이라고 하며 이 점을 원점으로 정한 좌표계를 기계 좌표계라 한다. 기계 좌표계는 전원을 ON한 후 원점 복귀를 함으로써 설정된다.

② CNC 상에서의 기계 원점의 좌표를 기준으로 형성되는 좌표로서 기계 원점의 좌표는 파라메타 상에서 지정한다.

③ 기계에 고정된 좌표계이고 제2, 3, 4원점, 경계 구역 설정, 과행정 확인, 피치오차 보정 등의 기준이 된다. 즉 좌표치가 X, Y, Z축의 양의 방향으로 최

대로 이동한 상태에 있는 점이다.

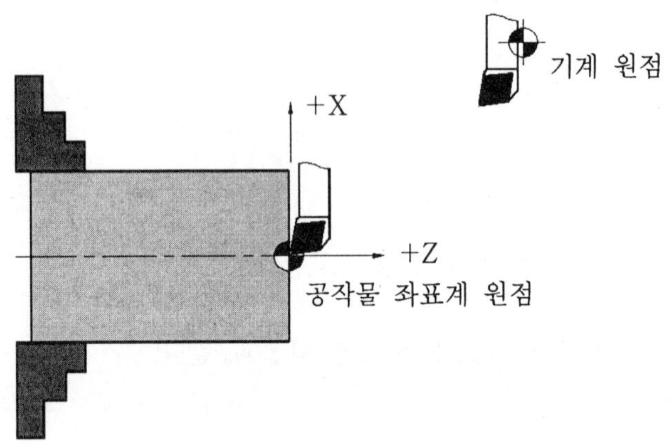

공작물 원점과 기계원점

(나) 공작물 좌표계(프로그램 좌표계)-절대 좌표계

Program을 하기 위해서는 반드시 Program 원점을 설정하여야 한다.

① 공작물 각 점의 좌표를 구하기 위해서는 공작물의 한 점을 기준으로 하여 좌표계의 원점 및 각 축의 방향을 임의로 결정할 수 있다. 이 결정된 좌표계를 절대 좌표계 또는 프로그램 좌표계라 한다.

② 선반에서의 프로그램 좌표는 일반적으로 X축 원점은 주축 중심에 Z축의 원점은 공작물의 오른쪽 단면이나 왼쪽 단면으로 한다.

③ 좌표치는 프로그램 원점의 좌표 즉, X0 Z0을 기준하여 계산하면 된다.

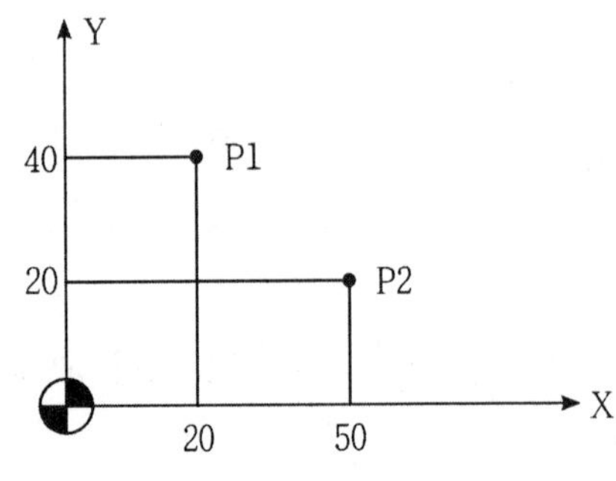

공작물 원점과 좌표치

P1의 좌표치 : X20. Y40.

P2의 좌표치 : X50. Y20.

(다) 상대 좌표계

일시적으로 좌표계를 설정할 때 사용할 수 있는 좌표계가 상대 좌표계이다. 간단한 조작으로 공구의 현재의 위치를 원점으로 정한 좌표계가 설정된다. 주로 수동 운전이나 핸들 운전, 프로그램 좌표계를 설정할 때 이용한다.

(라) 잔여 좌표계

수행하고 있는 지령의 지령완료시까지 남은 거리를 나타내는 좌표계이다.

1.1.3 시작점과 좌표계 설정

공구가 맨 처음 출발하는 임의의 위치를 시작점이라고 하며 프로그램의 원점과 시작점의 위치를 NC에 알려주어 프로그램 원점을 절대 좌표의 기준점(X0, Y0)으로 설정하여 주는 것을 공작물 좌표계 설정(프로그램 좌표계 설정)이라 한다.

1.1.4 NC의 제어

NC의 제어방식은 공구 이동경로와 형상에 따라 다음 3가지로 분류할 수 있다.

(1) 위치결정 NC

① 공구의 최후 위치만을 제어하는 것으로 도중의 경로는 무시하고 다음 위치까지 얼마나 빠르게, 정확하게 이동시킬 수 있는가 하는 것이 문제가 된다.
② 정보처리회로는 간단하고 프로그램이 지령하는 이동거리 기억회로와 테이블의 현재 위치기억회로 그리고 이 두 가지를 비교하는 회로로 구성되어 있다.

(2) 직선절삭 NC

위치결정 NC와 비슷하지만 이동중에 소재를 절삭하기 때문에 도중의 경로가 문제된다. 단, 그 경로는 직선에만 해당된다. 공구치수의 보정, 주축의 속도변화, 공구의 선택등과 같은 기능이 추가되기 때문에 정보처리회로는 위치결정 NC보다 복잡하게 구성되어 있다.

(3) 연속절삭 NC

S자형 경로나 크랭크형 경로 등 어떠한 경로라도 자유자재로 공구를 이동시켜 연속절삭을 한다. 위치결정 NC, 직선절삭 NC의 정보처리회로는 가감산을 할 수 있는 회로에 불과하지만 연속절삭 NC는 가감산은 물론 승제산까지 할 수 있는 회로를 갖추고 있다. 그러므로 일종의 컴퓨터가 필요하게 되었고 그러한 연산을 하면서 항상 공구의 이동을 감시하고 있으므로 S자형과 같은 복잡한 경로를 이동시킬 수 있는 것이다.

1.1.5 좌표치의 지령방법

(1) 좌표축 및 좌표어

NC 프로그램 중에는 X, Y, Z 각 축마다 고정된 기호를 사용하여 좌표 위치를 지정하게 되어 있다. 이 좌표 위치를 지정하기 위한 기호를 포함한 지령을 좌표어라 한다.

(가) 기본좌표축

		X축	Y축	Z축
선 반		공작물 중심축과 직각으로 이루어지는 축	없음	공작물 중심축과 평행인 축
밀링	수직	테이블의 좌, 우 이송방향의 공구 이송축	테이블의 전, 후 이송방향의 공구 이송 축	테이블의 상, 하 이송방향의 공구 이송 축
밀링	수평	테이블의 좌, 우 이송방향 공구 이송축	테이블의 상, 하 이송방향의 공구 이송 축	테이블의 전, 후 이송방향의 공구 이송 축

(나) 좌표어

좌표어	의 미	설 명
X, Y, Z	절대좌표방식 X, Y, Z축 원점에 대한 좌표치를 표시(원점을 기준으로 할때)	X : 가공의 기준이 되는 축 Y : X축과 직각을 이루는 이송축 Z : 주축 방향 축

좌표어	의 미	설 명
U, V, W	증분좌표방식 공구의 현재 위치를 기준으로 X, Y, Z축에 대한 거리를 표시	U : X축 방향의 증분좌표 V : Y축 방향의 증분좌표 W : Z축 방향의 증분좌표
I, J, K	원호가공시 원호 시점에서 원호중심까지의 X, Y, Z축에 대한 상대거리	I : 원호시점에서 원호중심까지의 X축 방향 증분좌표 J : 원호시점에서 원호중심까지의 Y축 방향 증분좌표 K : 원호시점에서 원호중심까지의 Z축 방향 증분좌표
R	원호가공시 원호의 반경 지정	R 뒤에 반경값을 수치로 입력하되 원호가 180° 이하일 때는 +값으로 180° 이상일 때는 −값으로 입력

(2) 좌표치와 최소 입력단위

① 좌표치를 나타내는 수치는 inch입력방법과 메트릭 입력방식 중 일반적으로 메트릭 입력방식을 사용한다.

② 좌표치의 최소입력단위는 일반적으로 소숫점 이하 3자리(0.001[mm])를 사용한다.

③ CNC선반은 직경의 경우 측정한 지름을 그대로 적용하는 직경지령을 사용한다.

참 고 소숫점의 사용

프로그램에 사용되는 수치는 지정된 형식에 따라 입력해야 한다.

① 소수점 입력 방법 : 소수점은 거리단위(mm)를 갖는 것에 사용한다.
(X, Y, Z, A, B, C, I, J, K, U, V, W, R, F 등)

② 사용예

입력형태	결 과
X 70	X 0.070=0.07[mm]
X 05	0.005=0.005[mm]

입력형태	결 과
X 70.	X 70.000=70[mm]
S 150.	알람 발생(입력에러)

③ 소수점 입력의 기본 원칙

수치값 처음에 나오는 0은 생략 가능하다.	소수점은 각 워드 형식에 따라 결정된다.
예 · G00=G0=G · G01=G1 · X0=X · G00 X0Y0Z0=GXYZ	예 X 4.3의 경우(□□□□.□□□) · X 5=X 0.005 · X 70=X 0.070=X 0.07

(3) 좌표지령방식

(가) 직경지령과 반경지령(직경 좌표치 입력)

CNC 선반에서는 직경방향의 좌표치는 대개 직경지령 방식으로 프로그램을 한다.

① 반경 지정 : 공구 경로를 프로그램시 X축 좌표치를 공작물의 반경치수로 지정하는 프로그램 방식이며 공작물의 직경은 공구 이동량의 2배가 된다.
② 직경 지정 : 실제공구 이동량의 2배로 X축 좌표를 지정하는 방식이다. (Q 및 R값은 항상 반경으로 지정한다.)

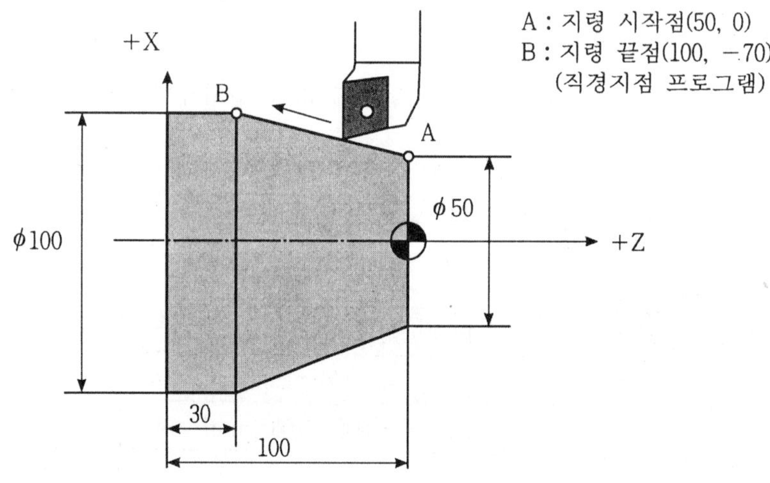

(나) 절대 방식 지령과 증분 방식 지령

① **절대 지령** : 공구의 이동방향과 거리를 원점으로부터 좌표치로 계산하는 방식

② **증분 지령** : 공구의 이동시작점(현재점)에서부터 종점까지의 거리(U, W)

지령방법		좌표어	지령방법
절대지령	프로그램 원점에서 ±방향을 결정한 후 이동하고자 하는 위치의 좌표지정	X(X축 좌표) Z(Z축 좌표)	X 100. Z-70.
증분지령	공구의 현재 위치를 U0. W0.으로 하여 도달점의 ±방향과 도달점 까지의 거리 입력	U(X축 거리) W(Z축 거리)	U50.W-70.
혼합지령	절대지령과 증분지령을 혼합하여 사용		X 100.W-70.

예 제 다음 그림에서 직경지령방식에 의해 P점 및 S점의 좌표치를 구하고 S점에서 P점까지의 증분지령값을 구하시오.

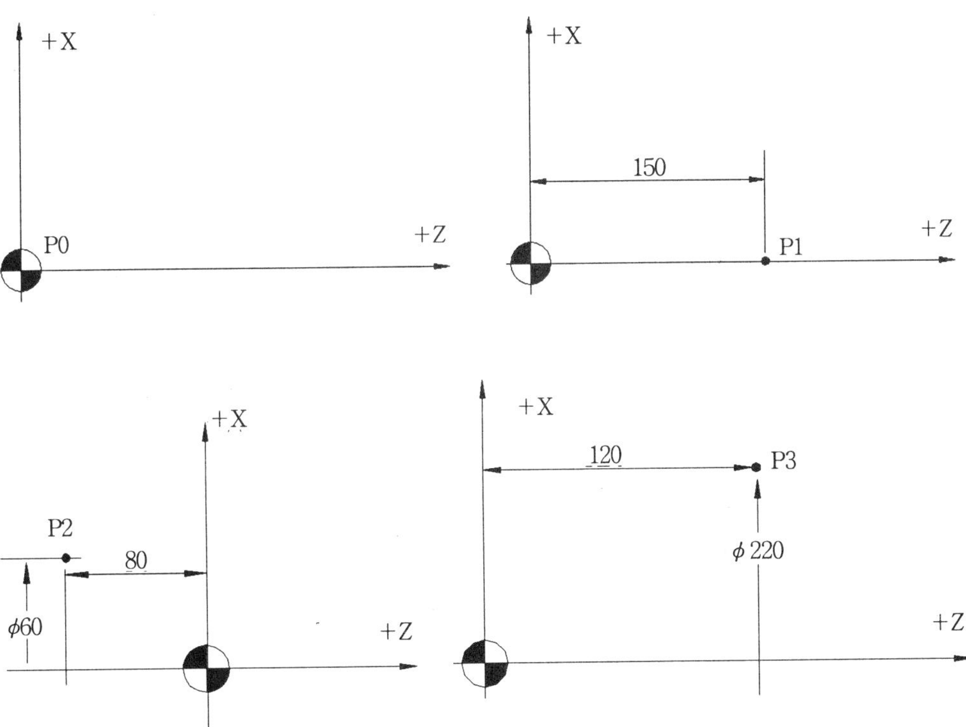

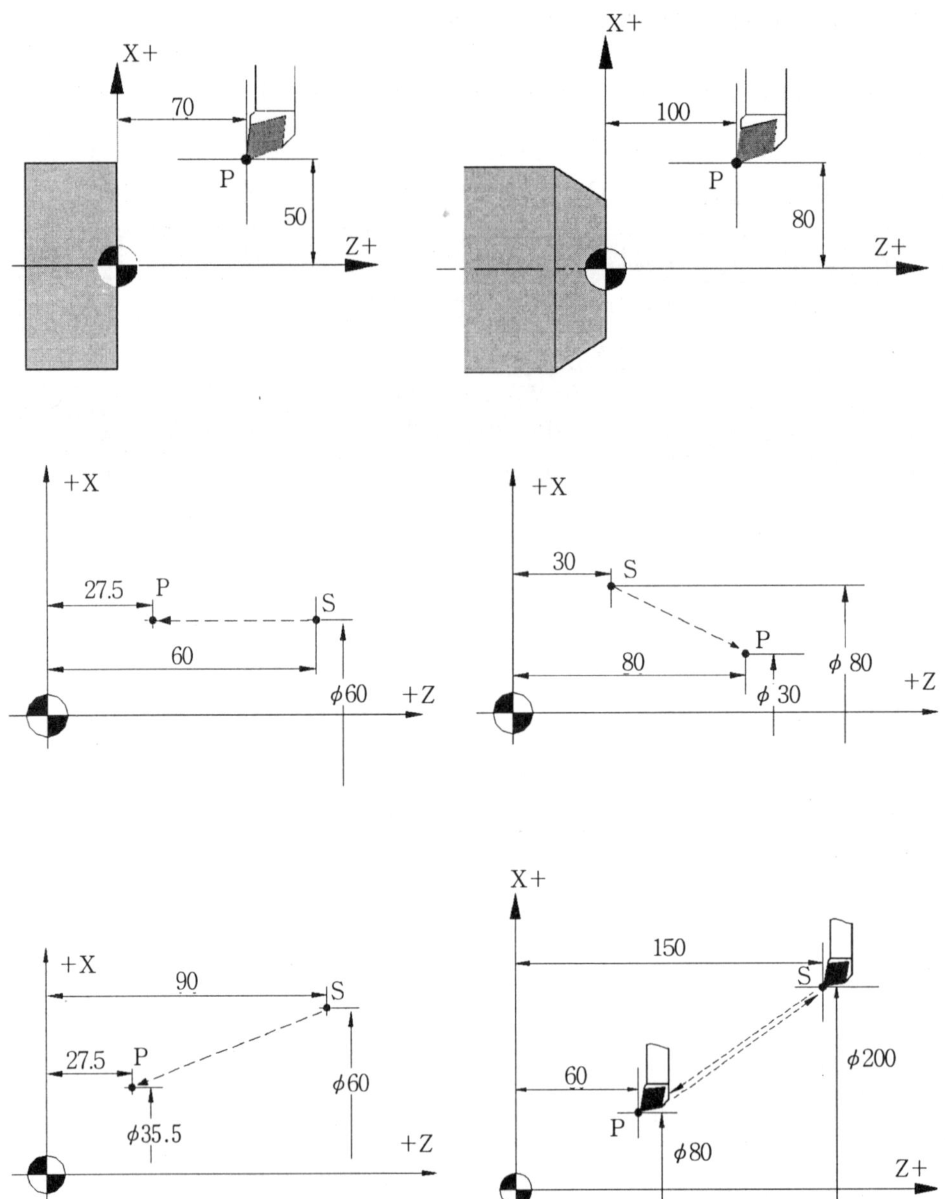
X+
70
P
50
Z+
X+
100
P
80
Z+
+X
27.5
P
S
60
φ60
+Z
+X
30
S
P
80
φ 80
φ 30
+Z
+X
90
S
27.5
P
φ60
φ35.5
+Z
X+
150
S
60
φ200
P
φ80
Z+

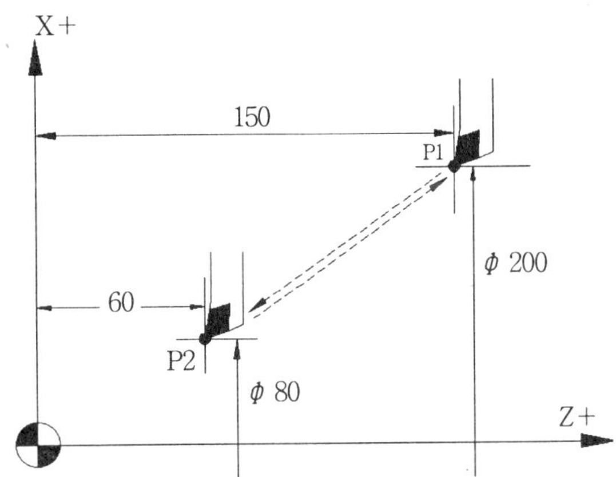

1.2 CNC 프로그래밍

1.2.1 프로그래밍이란?

① 사람이 이해하도록 되어 있는 도면을 CNC가 이해할 수 있는 언어 즉, CNC 코드로 바꾸어 주는 작업.

② 공작기계를 작동하기 위하여 NC장치에 보내는 지령의 모임으로서 실제로 작동하는 순서대로 쓰여진 것.

③ 예 : 프로그램의 종료는 M02, M30 등을 사용한다.

1.2.2 프로그램 작성 및 생산 과정

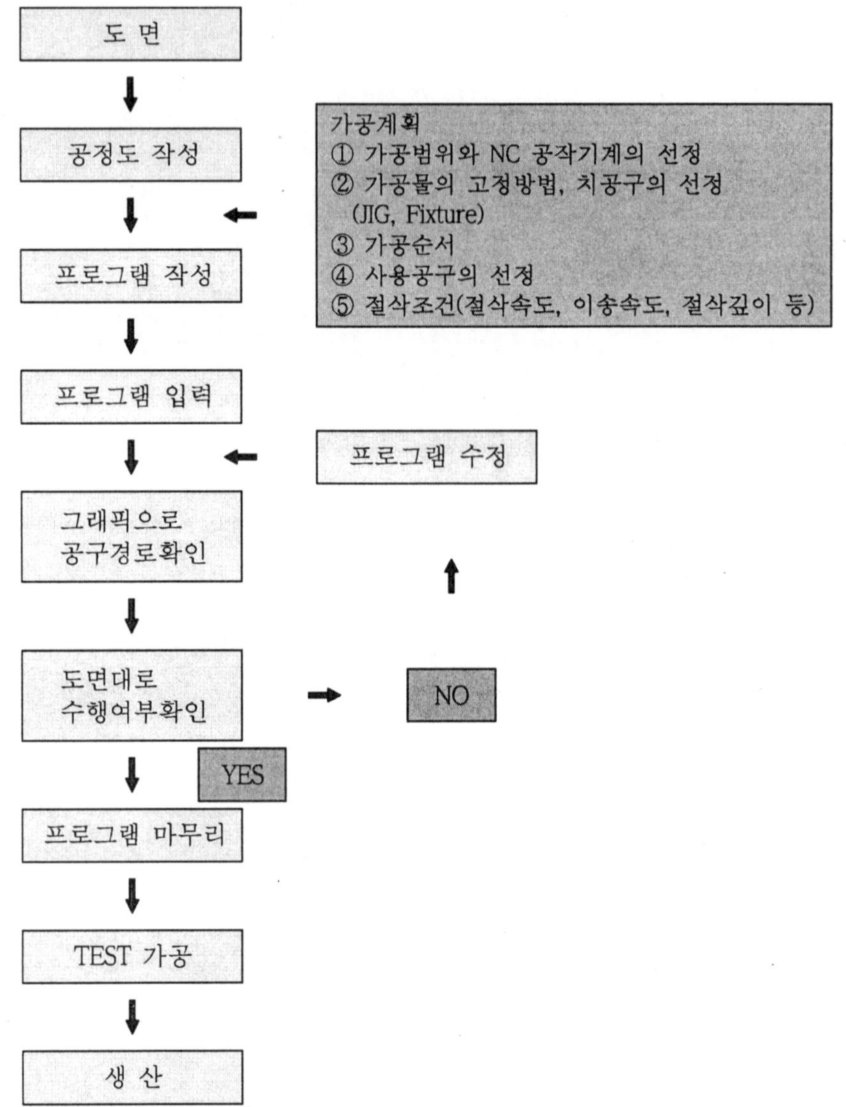

(1) 프로그램 작성시 고려할 사항

① 계속 유효 기능(modal code)과 1회 유효 기능(one-shot code)을 알아둔다.

② 기계의 전원 스위치를 켜면 기본으로 설정되는 기능들이 무엇인가?

③ 공구의 보정과 취소 방법은 어떻게 설정되어 있는가?

④ 고정 사이클 종류와 용도를 알아둔다.

⑤ 보조 프로그램 작성법과 용도를 알아둔다.

1.2.3 프로그램의 구성

(1) 기본 구성

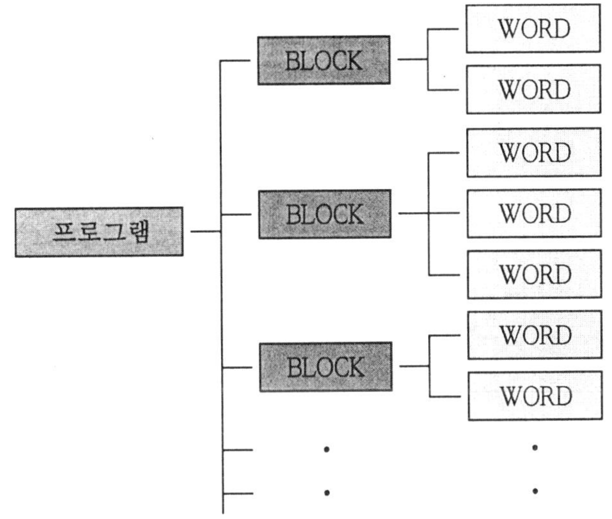

(가) BLOCK : (지령절)

① 프로그램=블록+블록+…………….+블록+블록

② 블록=㉠ 기계가 하나의 동작을 하는데 필요한 정보를 포함하며 한 개의 단어 또는 몇 개의 단어(Word)로 구성된다.

㉡ 블록의 종료는 EOB(;)로 구분한다.

예 G01 X100. Z10.0 F1.0 ;

③ 블록의 구성

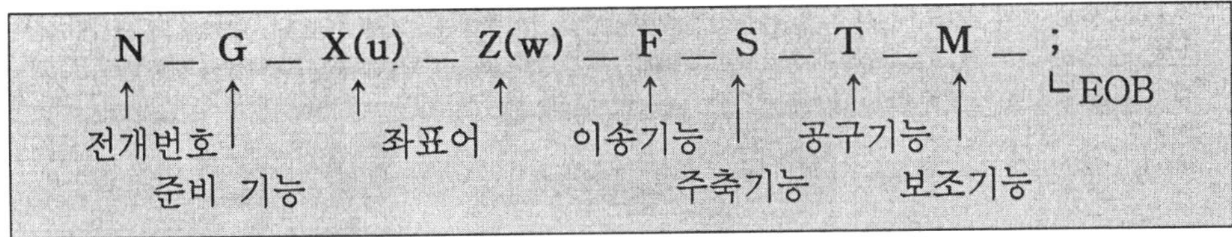

④ 전개번호(블록번호 : Sequency Number)

블록의 순서에 따라 각 블록의 처음에 Address N에 이어서 4자리 이내의 수치(1-9999)로 지정

예 N 0010 G 01 X 20. F 0.2 ; (EOB)

N 0020 G 00 Z -3. ;

N 0030 G 01 X 10. F 0.1 ;

N 0040 G 02 X 5. Z 2. R 30 ;

N 0050 G 01 X 20. F 0.2 ;

(나) Word : (단어)

Adderss(주소)+Data(부호, 수치)로 구성

워드의 예) G02, X275.678, T0202, M03, F100, S1200 등

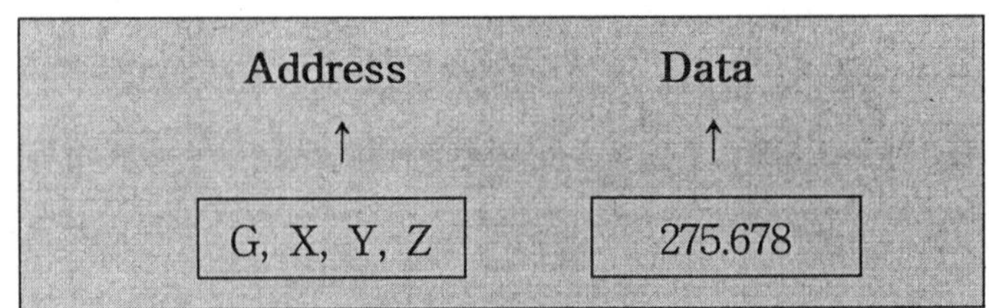

① 주소(Address) : 영문자의 대문자를 사용(각각 의미가 부여됨)

예 N G X Y Z F S T M A B C U V W등

★ N 0010 G 01 X 20. F 0.2 ; (EOB)

N 0020 G 00 Z -3. ;

N 0030 G 01 X 10. F 0.1 ;

N 0040 G 02 X 5. Z 2. R 30 ;

N 0050 G 01 X 20. F 0.2 ;

② 데이터(Data, 수치) : 어드레스에 따라 2자리, 4자리, 최소 0.001[mm] 까지 표시

예 G00 X123.456 S1500

③ 어드레스의 기능

기 능	어드레스	의 미
프로그램번호	O	프로그램 번호(이름)
블록번호	N	프로그램의 블록번호
준비기능	G	동작조건을 정의(직선, 원호)
좌표어	X, Z	각 축의 이동 위치를 명령(절대 방식)
	U, W	각 축의 이동 거리와 방향을 명령(증분 방식)
	I, K	원호 중심의 위치, 면취량 지정
	R	원호의 반경지정
	C	면취량 지정
이송기능	F	이송속도, 나사의 리드 지정
주축기능	S	주축속도 또는 주축 회전수 지정
공구기능	T	공구번호 및 공구 보정번호 지정
보조기능	M	기계의 보조적인 동작을 지정
휴지시간	P, U, X	휴지시간 지정
프로그램 번호 지정	P	보조프로그램 호출
전개번호	P, Q	복합 반복 사이클에서 시작블록과 종료블록번호
반복횟수	L	프로그램 반복 횟수 지정
EOB	;	블록의 끝

(다) 프로그램 번호

입력된 프로그램은 번호를 붙여 저장할 수 있다.

[입력방법]

① 조작반의 [선택]키를 누른 후 → [편집](F4) → [☞](F8) → [일람표](F1) → [신규작성](F1)버튼으로 신규작성 프로그램 입력 화면을 찾아간다.

② 영문자 "O"다음에 4자리의 숫자(0001~9999)를 붙여 입력한다.

예 O □□□□

↑ ↑

주소 프로그램번호(데이터)

(라) 프로그램명(주석문) 입력

프로그램에 이름을 붙이고자 할 때는 번호입력 후에 [( ] → 제목입력 후 [ )] 키를 누르면 프로그램 제목이 입력된다.

(2) 프로그램 작성시 구성 방법

(가) 프로그램의 조건 설정부

좌표계 설정, 공구 설정, 주축속도, 보조기능, 절삭유 ON 등 가공에 필요한 조건을 설정하는 부분으로 프로그램의 선두에 작성한다.

[조건설정부의 예]

G28 U0 W0 ;	기계원점으로 복귀
G50 X100. Z100. S1200 T0100 ;	공작물 좌표계 설정, 주축최고회전수지정 G코드
G96 S180 M03 ;	주축속도 180[m/min], 주축 정회전
G00 X62. Z2. M08 ;	공작물 원점으로부터 X62. Z2.으로 이동하면서 절삭유 ON

(나) 가공 실행부

주로 공구가 이동하는 작업으로 이루어지며 위치 결정, 직선보간, 원호보간등 기타 NC 기능 등 실제 가공을 실행하는 부분으로 조건설정부의 뒤에 작성한다.

(다) 조건 취소부

프로그램의 뒷부분에 작성하며 가공이 완료된 후, 전에 사용했던 프로그램의 조건 설정들을 모두 취소한다.

[조건취소부의 예]

M09 ;	절삭유 OFF
M05 ;	주축회전 정지
M02 ;	프로그램 종료

(3) 운영시 구성

작성된 프로그램을 효율적으로 사용할 수 있도록 구성하는 방법이다.
주 프로그램(Main Program)과 보조 프로그램(Sub Program)으로 구성한다.

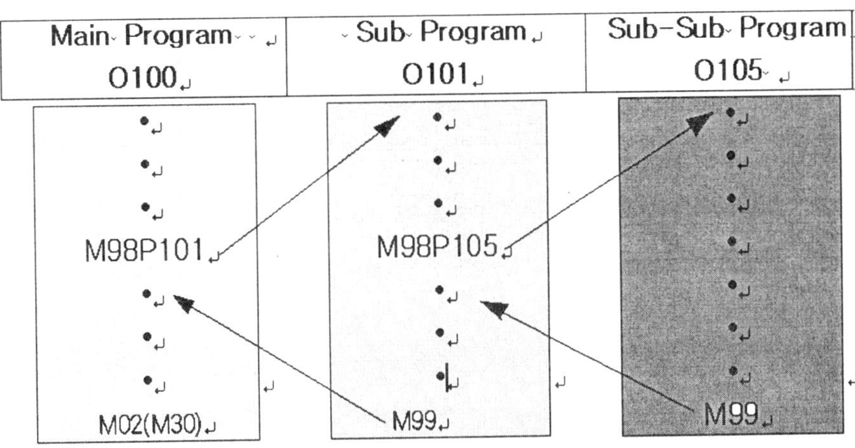

1.2.4 프로그램의 주요기능

(1) 준비 기능(G 기능)

어드레스 G아래 2자리 수치로서 블록내의 공구 및 각 축의 동작, 프로그램 좌표계 설정 등 CNC제어장치의 기능을 동작하기 위한 기능을 의미한다.

(가) 준비기능의 구분

종 류	의 미	Group
1회 유효 G코드 (One Shot G Code)	명령된 블록에 한하여 G Code가 수행	"00"그룹
연속 유효 G코드 (Modal G Code)	동일그룹의 다른 G Code가 나올 때 까지 유효한 기능	"00"이외의 그룹

주 한 블록내에서 동일 그룹의 G Code는 하나만 사용할 수 있으며 복수 G Code는 사용 불가

[One Shot G Code와 Modal G Code의 사용방법 예]

지령절	그룹	유효한 G 코드
G01 X100.F0.25 ;	01	G01 유효
Z-50. ;	01	〃
X150.Z100. ;	01	〃
G00 X200. ;	01	G00 유효
G04 X1. ;	00	이 블록에서만 G04 유효
X100. Z0. ;	01	G00 유효 (G00을 지령하지 않아도 G00상태이다)

(나) G Code의 종류

G Code는 "G" 다음에 "00"에서 "99" 까지의 두자리 숫자로 지정한다.

[G Code 일람표]

G Code	그 룹	기 능
△ G00	01	위치결정(급속 이송)
△ G01	01	직선보간(절삭 이송)
G02	01	원호 보간 CW(시계 방향)
G03	01	원호 보간 CCW(반시계 방향)
G04	00	휴지시간(이송 일시정지)
G10	00	data 설정
G20	06	Inch 입력
△ G21	06	Metric 입력
△ G22	04	금지영역 설정
G23	04	금지영역 취소
G25	08	주축속도 변동 검출 OFF
G26	08	주축속도 변동 검출 ON
G27	00	원점복귀 확인(Check)
G28	00	자동 원점복귀
G29	00	원점으로부터 복귀

G Code	그 룹	기 능
G30	00	제2, 제3, 제4 원점복귀
G31	00	생략(skip) 기능
G32	01	나사가공
G34	01	가변리드 나사가공
G36	00	자동 공구보정(X)
G37	00	자동 공구보정(Z)
△ G40	07	공구 인선 반경 보정 취소
G41	07	공구 인선 반경 왼쪽보정
G42	07	공구 인선 반경 오른쪽 보정
G50	00	공작물 좌표계 설정, 주축 최고 회전수 설정
G65	00	Macro 호출
G66	12	Macro Modal 호출
G67	12	Macro Modal 호출 취소
G68	04	대형 공구대 좌표 ON
G69	04	대형 공구대 좌표 OFF
G70	00	정삭 절삭 사이클
G71	00	내, 외경 황삭 사이클
G72	00	단면 황삭 사이클
G73	00	형상 반복 사이클
G74	00	Z방향 홈가공 사이클(팩 드릴링)
G75	00	X방향 홈가공 사이클
G76	00	나사 절삭 사이클
G90	01	내, 외경 절삭 사이클
G92	01	나사 절삭 사이클
G94	01	단면 절삭 사이클
G96	02	절삭속도 일정제어[m/min]
△ G97	02	주축 회전수 일정제어[rev/min]
G98	05	분당 이송 지정[mm/min]
△ G99	05	회전당 이송 지정[mm/rev]

주
① 00그룹 지령된 블록에서만 유효하다(one shot code).
② △은 Power ON시 유효한 초기상태의 모달 지령이다.
③ 서로 다른 그룹은 같은 블록내에서 지령할 수 있다.
④ 같은 그룹은 같은 블록내에서 뒤에 지령한 하나만 유효하다.

(2) 주축 기능(S 기능)

주축의 회전속도를 제어하는 기능으로 다음의 2가지가 있다.

(가) G96(절삭속도 제어 모드)

공구의 직경치(X값) 변화량에 따라 지정된 절삭속도[m/min]에 맞게 주축회전수를 변화시키는 기능

G Code	지령 형식	설 명
G96	G96 S180 M03 ;	절삭속도 180[m/min]으로 정회전

(나) G97(주축 회전수 일정제어)

G96(주속 일정 제어 모드)를 취소하고 공구의 직경위치 변화에 관계없이 주축의 회전수를 rpm으로 제어하는 기능

G Code	지령 형식	설 명
G97	G97 S800 M03 ;	주축이 1분당 800회전으로 정회전

참 고 G96일때의 절삭속도와 회전수

① 절삭속도(Spindle speed) : 공구와 공작물의 상대속도

$S = \frac{\pi XN}{1000}$ [m/min] X : 현공구의 X좌표(직경치)[mm],

N : 주축의 분당 회전수[rpm]

즉, G96에서는 절삭속도 S가 일정하므로 X값의 변화에 따라 회전수가 변화한다.

② 주축 회전수 : 주축의 1분당 회전수[rpm](G96 S100 M03이라면)

$N = \frac{1000S}{(\pi X)}$ [rpm]

X=70.일 때 $N = \frac{1000S}{\pi D} = \frac{1000 \times 100.}{3.14 \times 70.} = \frac{100000}{219.8} = 454$[rpm]

즉, G96은 절삭속도 S가 일정하므로 X값의 변화에 따라 주축회전수가 변화한다.

(3) 공구기능(T Code : Tool function)

Turret에 설치된 공구 중에서 사용할 공구를 자동으로 호출 및 보정하기 위한 기능으로서 영문자 T와 네 자리 숫자로 지정한다.

예 T ○○ ▲▲
↑ ↑
공구번호 공구보정번호

① 공구번호 : 터렛공구대의 공구가 장착되어 있는 포트번호

② 공구 보정번호 : 공구의 보정번호로서 [화면] → [보정(F5)] 화면의 번호란의 번호

예 T0100 : 1번공구 선택, 공구보정 취소
T0101 : 1번공구 선택, 보정번호 1번 선택

(4) 보조 기능(M Code : Miscellaneous function)

① NC 공작기계의 보조적인 장치를 ON/OFF하는 기능
즉, 공구교환, 주축제어, 절삭유공급 등을 행할 수 있도록 하기 위하여 서보모터나 ATC등을 제어, 조정하여 주는 기능이다.

② 1개의 명령절(block)에서 1개만 유효하며, 2개 이상 명령할 경우 나중에 명령한 것만 유효

③ 형식 : 로마자 M에 두자리 숫자로 지령된다.(M00~M99)

[M Code 일람표]

M code	FUNCTION	내 용
M00	프로그램 일단정지	실행중 자동으로 운전을 정지한다. Cycle Start Button(자동개시)을 누르면 다시 시작된다. 용도 : ① 공작물을 돌려 물릴 때 ② 칩의 제거시
M01	Optional Stop	선택 프로그램 정지 M00과 동일하며 조작판의 M01 key가 ON상태일 때만 정지하며 M01 key가 Off상태일 때는 실행하지 않고 통과
M02	프로그램 종료	프로그램의 종료, 모든 동작 정지
M03	주축의 정회전	주축의 시계방향 회전 이 지령에 앞서 주축회전수 지령이 있어야 한다.
M04	주축의 역회전	반시계방향 회전
M05	주축 정지	회전되던 주축이 정지한다.
M08	절삭유 ON	
M09	절삭유 정지	
M30	프로그램 종료	M02처럼 프로그램의 종료시 사용되며 테이프나 메모리 사용시 프로그램의 처음으로 되돌려주는 기능
M98	sub프로그램 호출	main 프로그램에서 sub 프로그램으로 돌아간다.
M99	main프로그램 호출	sub 프로그램에서 main 프로그램으로 돌아간다.

제 2 장 CNC 선반의 구조와 기능

2.1 CNC선반의 구조

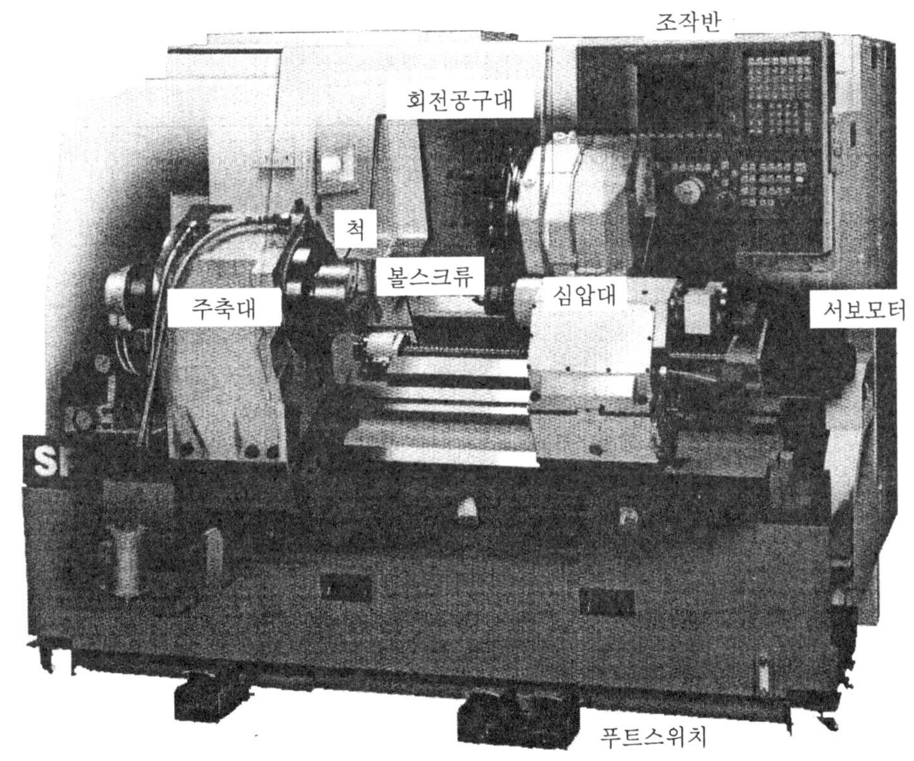

2.2 CNC선반 각부 기능

① 주축대 : 축단에 설치된 척에 공작물을 고정하고 회전시키는 역할로서 푸트 스위치에 의한 유압 작동에 의해 공작물을 고정할 수 있다.

② 터렛(회전공구대) : 여러개의 절삭공구를 설치, 고정하여 가공시 필요한 공구를 자동으로 교환하여 사용할 수 있다.

③ 심압대 : 긴 공작물의 가공시 센터를 설치하고 공작물을 지지하는 역할을 한다.

④ 조작반 : 선반의 작동과 관련된 모든 스위치와 명령어를 입력하기 위한 키보드 등이 집결되어 있다.

⑤ 페달 : 척 고정용 페달, 심압대 페달로 구성되어 있다.

⑥ 구동 모터 : 주축에 회전력을 주는 모터로 과거 DC모터에서 현재에는 AC유도형전동기를 사용한다.

⑦ 유압척 : 유압척의 압력은 일반적으로 15~25[kg/cm^2]의 압력을 많이 사용한다.

CNC 선반의 운용

3.1 CNC선반의 가동과 정지

(1) 가동 순서

① CNC 선반의 메인 전원의 전원 스위치 ON(선반 본체뒤에 위치)하면 선반의 냉각기와 유압모터가 작동을 한다.

② 조작반의 전원스위치를 켜서 ON상태로 하여 전원을 투입한다.

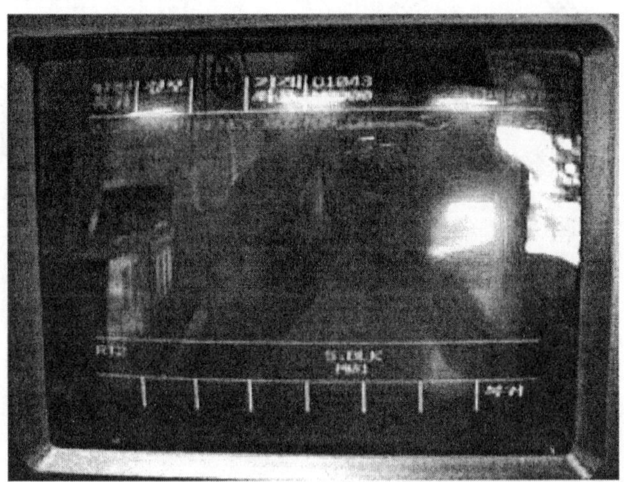

부팅 후의 CRT 화면

③ 화면에 error메시지(EMERGENCY BUTTON S/W ON)가 나타나면 비상 정지 스위치를 해제한다.

(2) 수동 기계 원점 복귀

기계를 동작시키기 위하여 전원 스위치를 투입(ON)한 후에는 반드시 기계의 원점 복귀를 수행해야 한다.

① 조작반의 기능키 F8(복귀)을 누른다.

② 선택 버튼을 누른다.

③ 기능키에서 핸들운전(F8) 을 누른다.

④ 기능키로 X축을 먼저 선택한다.

⑤ MPG(펄스 발생기)를 "−" 방향으로 돌려 X축을 −50∼−100[mm] 정도 이동한다.

⑥ 같은 방법으로 Z축을 선택한 후 MPG로 "−" 방향으로 돌려 Z축을 −50∼−100[mm] 정도 이동한다.

⑦ 수평키 중 선택 → 원점복귀(F3) 버튼을 누른다.

⑧ 8↑ (X+방향)를 누르고 원점표시가 점멸상태에서 정지할때까지 기다렸다가

⑨ [6→](Z+방향)를 누른다.(원점표시가 점멸상태에서 정지할때까지 기다린다.

※ 원점복귀 완료

주의 ① 전원을 처음 켰을 때는 반드시 수동 원점 복귀를 시켜야 한다.
② 도안에서 스케일링 후 신속확인을 눌러 가공상태를 확인 후에도 반드시 수동 원점 복귀를 시켜야 한다.
(수동 원점 복귀를 시키지 않으면 기계 좌표가 움직이지 않고 자동이나 반자동 모드에서 어떤 기능을 자동개시 했을 때 에러가 발생한다.)

(3) 공작물의 설치

가공할 소재를 스핀들에 장착한다.

① 조작반에서 [선택]키를 누른 후 [핸들운전(F8)]을 선택한 후 기계 하단에 위치한 [푸트스위치]를 이용하여 장착한다.

㉠ 푸트스위치의 기능

ⓐ 좌측 : 한번씩 누름으로 해서 소재를 물릴척의 척 조의 이완과 고정에 사용한다.

ⓑ 우측 : 심압대의 전・후진시 사용한다.

푸트 스위치

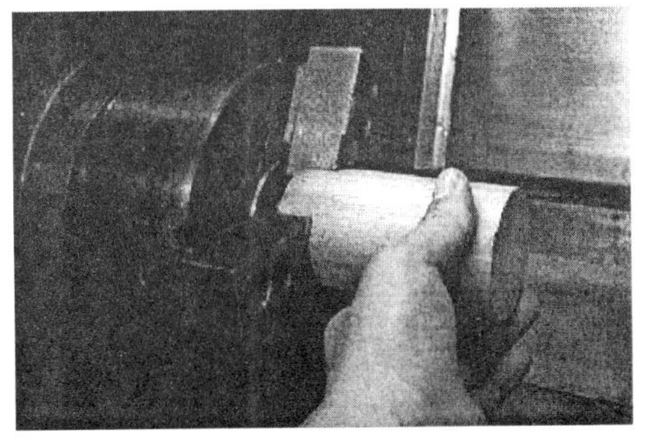

공작물의 고정

② 장착후 소재가 견고히 고정되었는지를 확인한다.

㉠ 선택 → 반자동 을 선택한 후 G97S600M03 ; 을 입력한 후 자동개시 버튼을 눌러 공작물을 정회전시킨다.

㉡ 공작물의 흔들림 상태를 확인한다.

㉢ 공작물의 흔들림 상태가 심하게 불균일하게 회전할 때에는 공작물을 정지시킨 후 다음과 같이 공작물의 흔들림을 수정한다.

ⓐ 반자동 화면에서 M05 ; 로 정지 또는 SPINDLE STOP 키를 눌러 회전을 정지시킨다.

ⓑ 다이알 게이지를 터렛공구대 전면에 부착시킨다.

ⓒ 선택 → 핸들운전(F8) 을 선택하여 X, Z축을 이동하여 다이알게이지를 공작물 표면에 접촉시킨다.

ⓓ 손으로 척을 돌려가며 연질해머 등으로 공작물의 높은 부분을 가볍게 치면서 공작물의 흔들림을 수정한다.

(4) 기계의 가동 정지

① 작업이 끝나면 공작물을 척으로부터 해체한 후에 비상정지 스위치를 누른다.

② 조작반의 전원 스위치를 OFF한다.

③ 기계의 전원 스위치를 OFF한다.

④ 청소 및 정리정돈한다.

3.2 프로그램 조작반의 사용방법

SENTROL 조작반은 통일중공업이 개발, 국산화한 COMPACT하고 직선, 원호, 헬리컬보간, 자동 사이클 P/G기능을 갖추고 있는 CNC CONTROLLER이다.

(1) 각부 명칭 및 기능

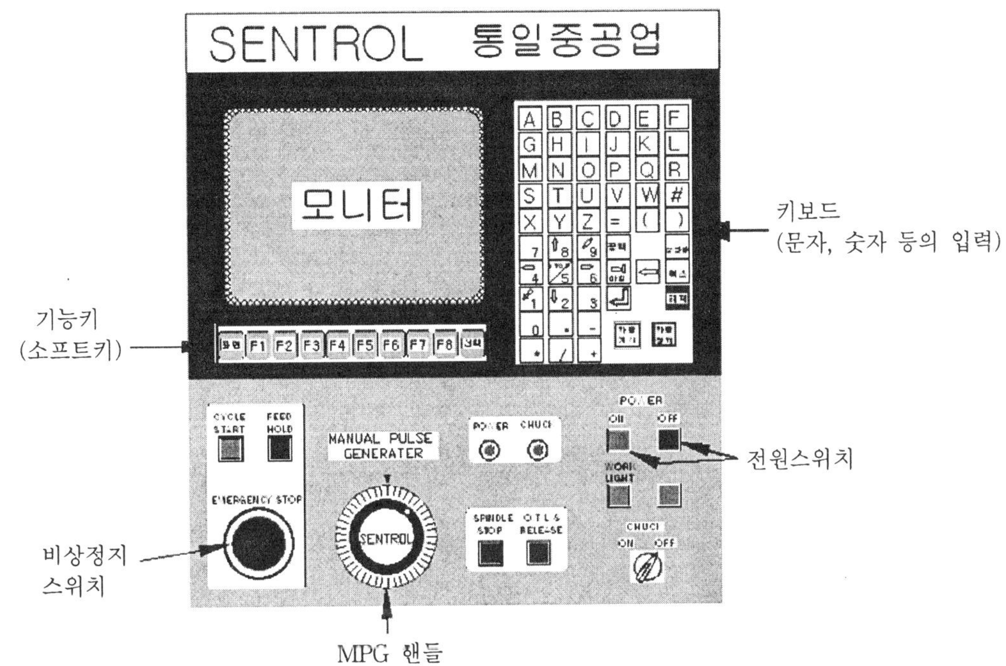

조작반의 명칭	기 능	비 고
CRT 화면	CNC의 모든 정보 및 기능을 시각적으로 확인하는 기능	12″ 칼라
기능키 (F1 ~ F8 키)	CRT화면 하단에 위치하여 화면 하단에 표시되는 각종 CNC의 기능을 호출 및 표시하는 키로 소프트키의 좌측에는 [화면]키, 우측에는 [선택]키가 있다.	소프트키 또는 Function키라 한다.
선택 키	[선택]키를 누른 후 F1~F8의 소프트키중에서 [DNC운전], [원점복귀], [편집], [자동운전], [수동운전], [반자동], [핸들운전] 등을 선택하여 실행한다.	
화면 키	[화면]키를 누른 후 F1~F8의 소프트키 중에서 [위치], [이송속도], [명령지시], [프로그램], [보정], [진단], [설정], [경보기능] 등을 선택하여 실행한다.	

조작반의 명칭	기 능	비 고
조작판 키	외부에 스위치가 없는 조작스위치가 내장되어 있다.	
마침 키	프로그램 작성시 블록의 끝을 나타낼 때 사용한다.	EOB키로서 블록 끝에 ; 표시
⇦ 키	Back Space 키, 입력준비 Line의 Data를 뒤로부터 한 비트씩 삭제한다.	
취소 키	입력준비 Line의 Data를 모두 삭제한다.	
해제 키	알람을 해제하고 Reset하는 기능	
자동개시 키	운전모드(자동, 반자동, DNC운전)에서 자동운전을 실행한다.	
자동정지 키	자동운전중 축 이동을 일단 정지하며 [자동개시]를 누름으로서 다시 자동운전을 실행할 수 있다.	
알파벳 및 숫자 키	데이터 입력 및 각종 프로그램 작성시에 사용하며 숫자키 일부는 기계원점복귀시에 사용한다.	
공백 키	space키	

(2) 〔선택〕키 및 〔화면〕키 선택한 후의 화면

① [선택]키에 의한 화면

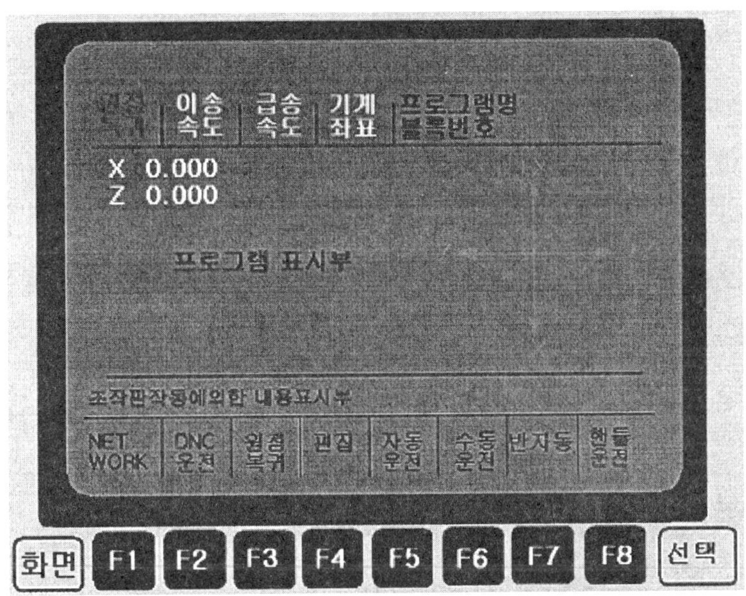

② [화면]키에 의한 화면

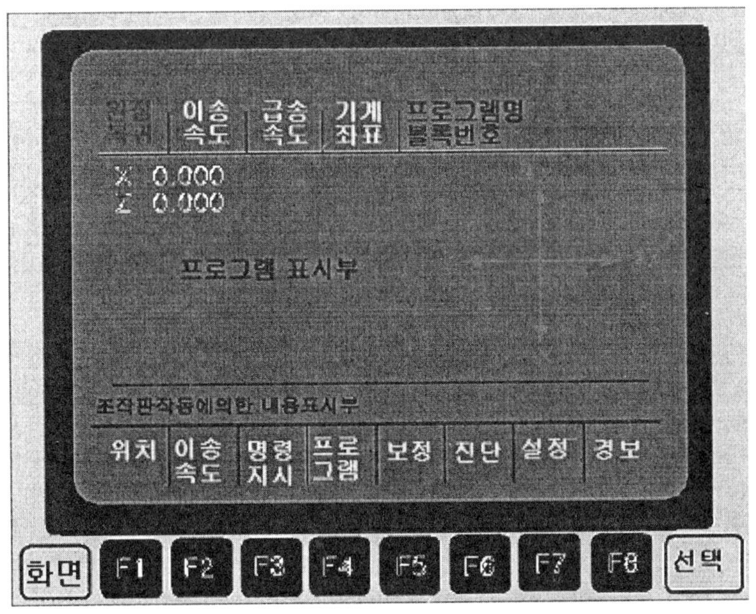

좌표계 설정과 공구 보정

4.1 공작물 좌표계 설정하기

4.1.1 공작물 좌표계 설정의 기본 개념

기계 원점복귀 후 공구는 기계원점을 기준으로 하여 움직이게 된다.

공작물을 가공하기 위해서는 공작물 가공시 사용할 좌표계의 기준점(프로그램 원점)을 먼저 NC장치에 알려주어야 한다.

그러므로 공작물 원점을 기준으로 공구를 이동시키기 위해서는 기계 원점으로부터 공작물 원점까지의 거리를 G50 명령으로 작성한 프로그램에 입력시켜 CNC에 알려주어야 한다.

좌표계의 설정은 주로 터렛의 1번 포트에 장착된 황삭바이트를 기준공구로 설정하며 이외에 사용할 다른 공구는 기준공구와의 좌표값 오차를 보정하여 사용한다.

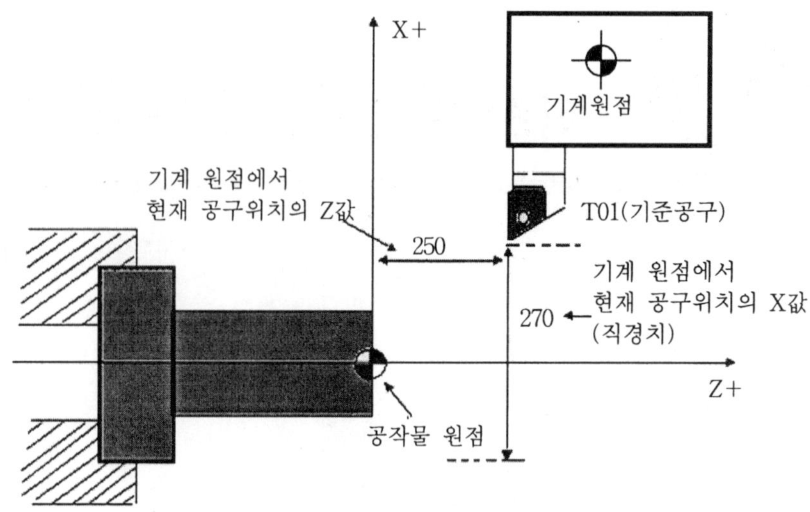

(1) 공작물 원점

공작물 좌표계 설정시 X0, Z0가 되는 점으로서 ⊕로 표시한다. 주로 공작물의 끝단에 설정하며. 이후 프로그램 작성시 공작물 원점을 기준으로 좌표치를 작성하고 공구이동은 공작물 원점을 기준으로 움직인다.

(2) 좌표계 설정 및 최고 회전수 제한

① 주축 속도 일정제어 기능중 공작물 직경이 0이 되었을 때 최고 회전수(rpm)를 지정하는 기능.

프로그램의 앞부분에 아래와 같이 입력하여 실행한다.

G Code	지령 예	단 위
G50	G50 X__ . Z__ . S__ __ ;	S : rpm X, Z : [mm]

예 G50 X100. Z100. S400 T0100 ;

G50 프로그램 좌표계 설정 및 최고 회전수(rpm)의 지정 G코드

X100. Z100. 기계 원점으로부터 공작물 원점까지의 거리값이다.(단, X는 직경값임)

S400 : 최대 회전수 400[rpm]으로 지정

T0100 : 1번 공구 호출

참고

① 주축 회전수 $N = \frac{1000S}{\pi D}$ [rpm]

S = 절삭속도값[m/min]

D = X축 좌표치[mm]로서 직경값

X=70.일 때 $N = \frac{1000S}{\pi D} = \frac{1000 \times 100.}{3.14 \times 70.} = \frac{100000}{219.8} = 454$[rpm]

앞에서 최대 rpm이 400으로 한정되어 있으므로 400[rpm] 이상은 회전되지 않는다.

② G50에 의한 공작물 좌표계와 최고 회전수 설정 후 다음 블록에 G96지령(절삭속도 제어)이나 G97(회전수 일정제어)를 사용하여 주축속도를 설정한다.

예

G28 U0.W0. ;	→ 자동원점 복귀
G50 X100. Z100. S1200 T0100 ;	→ **좌표계 설정 및 최고 회전수 1200 [rpm] 제한**
G96 S180 M03 ;	→ 주축속도 180[m/min]으로 정회전
G00 X120.Z5.M08 ;	→ 주축회전 265[rpm]으로 급속이송
G01 X90. ;	→ 주축회전 353[rpm]으로 절삭이송
X70. ;	→ 주축회전 400[rpm]으로 절삭이송

4.1.2 공작물 좌표계 설정 순서

공구가 기계원점으로 복귀한 후에는 1번 공구(황삭바이트)를 기준공구로 사용하여 공작물의 끝단의 중심을 공작물 원점으로 하는 프로그램 좌표계를 설정하는 연습을 해 보도록 한다.

(1) 1번 공구를 기준바이트로 선택한다.

① 모니터 하단의 [선택] 키를 누른 후 [반자동(F7)]을 선택한다.

② 기준공구를 불러온다.

명령어 입력라인에 T0100 입력후 ↵ [CYCLE START]를 누른다.

③ 터렛이 회전하여 기준공구가 절삭위치로 이동하는 것을 확인한다.

주 절삭위치 : 절삭날이 주축 중심을 향하는 위치(심압축과 수직 위치)

절삭위치(1번 공구)

(2) 주축을 회전시킨다.

[선택] → [반자동(F7)] → G97S600M03 → ↵ → [CYCLE START]를 누른다.

(3) 소재를 가공할 수 있도록 공구대를 스핀들 가까운 곳으로 이동시킨다.

[선택] → [핸들운전(F8)] → [X(F5)], 또는 [Z(F6)]축을 선택한 후 수동펄스 발생기(MPG 핸들)로 이동시킨다.

※ (2)와 (3)은 바꿔 실행해도 무방하다.

(4) 상대좌표를 선택한다.

[선택] → [핸들운전(F8)] → [위치선택(F1)]을 계속 눌러 상대좌표를 선택한다.

(5) 외경가공과 X축 좌표설정

그림과 같이 외경과 단면을 측정할 수 있도록 가공한다.

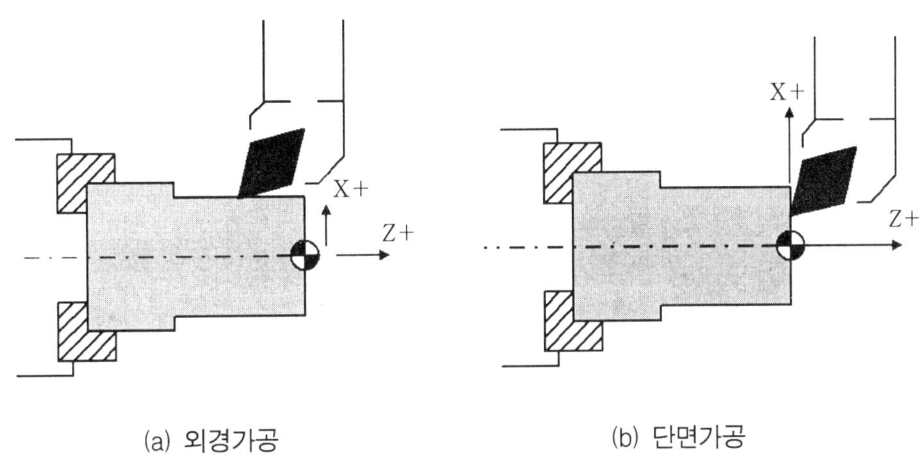

(a) 외경가공 (b) 단면가공

(가) 외경가공

① [선택] → [핸들운전(F8)] → [Z축]을 선택하여 외경을 가공할 수 있도록 바이트를 이동시킨다.

② 외경을 가공한다.

주의 이때 X축을 움직여서는 안된다.

③ Z+방향으로 공구대를 안전하게 이동시킨다.

④ [spindle stop]을 눌러 주축을 정지시키고 그 상태에서 [상대0SET(F4)] → [U0]를 누르면 상대좌표 U0가 된다.

⑤ 외경을 측정해서 메모한다.

예 ϕ58.75라면 이 수치를 메모한다.

⑥ 기능키의 [취소]를 선택하면 상대0SET화면에서 핸들운전화면으로 복귀한다.

⑦ 그 상태에서 [상대0SET(F4)] → [U0]를 눌러 현재 바이트의 X좌표를 상대좌표 U0로 만든다.

(나) 단면가공

① 주축을 회전시킨다.

[선택] → [반자동(F7)] → G97S800M03 → ⏎ →

[CYCLE START]를 누른다.

② [선택] → [핸들운전(F8)] → 수동펄스발생기를 이용하여 소재의 단면을 가공한다.

③ X+방향으로 공구대를 안전하게 이동시킨 후 [spindle stop]을 눌러 주축을 정지시킨다.

주의 이때, Z방향으로 움직이면 안된다.

④ [상대0SET(F4)]를 누르고 [W0]를 누르면 상대좌표 W0가 된다.

(다) 상대좌표 U0 , W0 위치로 이동하여 원점 확인시킨다.

[선택] → [핸들운전(F8)] → X, Z축을 선택한 후 수동펄스발생기를 이용해서 이동시킨다.

(그림과 같이 가공된 소재의 단면중심에 바이트 끝이 위치해야 바르게 된 것임)

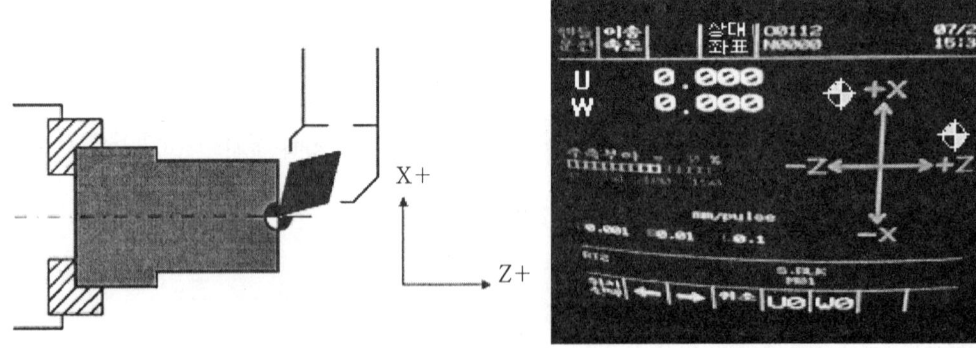

화면그림수정

(6) 기계원점복귀

제3장 CNC선반의 운용 제1단원의 기계원점복귀에서 설명한 방법과 동일하게

실행한다.

원점복귀를 한 후 상대좌표의 U, W값을 기록한다.(예 U296.9, W 265.9)

(7) 위에 기록한 U, W값을 작성한 프로그램의 편집화면에서 좌표계 설정블록을 찾아 입력한다.

이때에 U는 X로, W는 Z로 입력한다.(G50 X296.9, Z265.9)

① 프로그램의 공작물 좌표계 설정 블록(G50)을 찾아 X좌표로 커서를 이동한다. X296.9를 입력한 후 기능키의 [수정]을 누르면 수정된 좌표치가 입력된다.

② Z좌표로 커서를 이동한 후 Z265.9를 입력하고 [수정]을 눌러 Z좌표치를 입력한다.

[프로그램 좌표계 설정 완료]

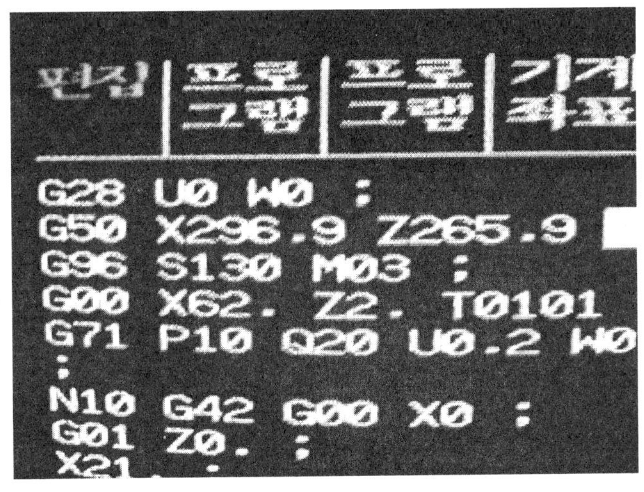

위의 사항을 수행함으로서 기준공구에 의한 프로그램 좌표계 설정이 완료되었다.

만일 여러 개의 공구를 사용할 때에는 기준공구에 의한 프로그램 좌표계 설정을 완료한 후 다른 공구는 기준공구와의 차이값을 계산하여 공구보정값만을 입력하여 사용한다.

좌표계 설정 및 공구보정이 끝난 후에는 프로그램의 도안으로 공구경로의 이상유무를 확인한다.

4.2 공구 선정 및 보정하기

4.2.1 공구 선정 기능

Turret에 설치된 공구중에서 사용할 공구를 자동으로 호출 및 보정하기 위한 기능으로서 아래와 같이 영문자 T와 네자리 숫자로 지정한다.

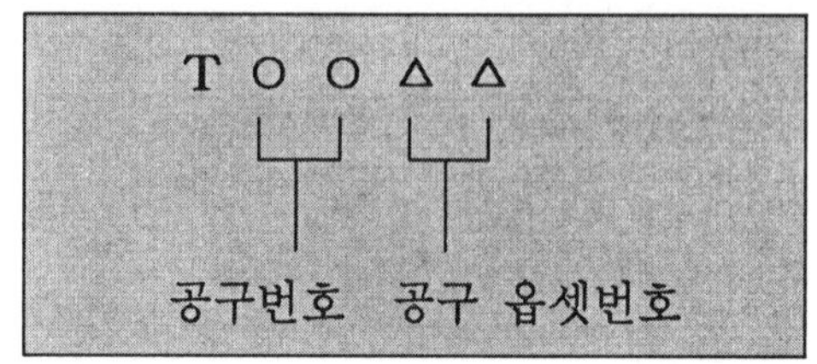

① 공구번호 : 공구가 장착되어 있는 터렛의 장착번호

② 공구 보정번호 : 공구의 보정번호로서 [화면] → [보정(F5)] 화면의 번호란의 번호

예 T0100 : 1번 공구 선택

T0101 : 1번 공구 선택, 보정번호 1번 선택

4.2.2 공구 보정의 개념

기준공구에 의해 공작물 좌표를 설정한 후 기준공구 이외의 다른 사용공구는 기준 공구와의 길이차를 보정하여 주어야 한다.

이때에 기준공구의 보정량을 기본적으로 X0., Z0.으로 하고 다른 공구들의 기준 공구와의 편차값을 측정하여 입력함으로서 보정을 한다.

공구보정을 함으로서 사용하는 모든 공구가 공작물 원점을 기준으로 움직이도록 한다.

이러한 보정을 형상보정(Geometric offset)이라 하며 이외에 공구의 마모에 따른 오차를 보정하는 마모보정(Ware offset)과 공구 날끝의 반지름을 보정하는 인선반지름보정이 있다.

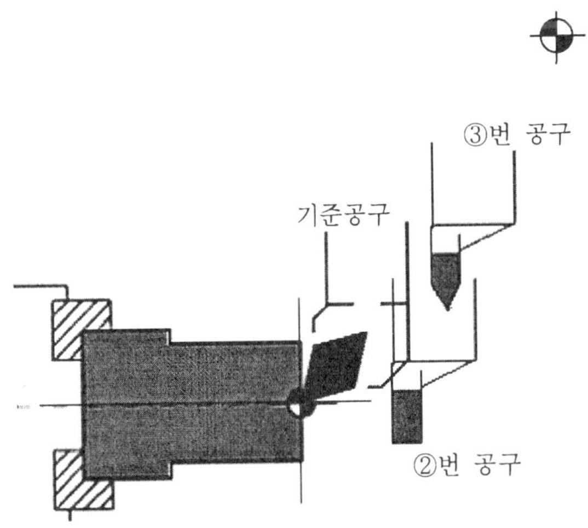

좌표계 설정 후 원점으로 공구이동했을 때의 각 공구의 위치(형상보정전)

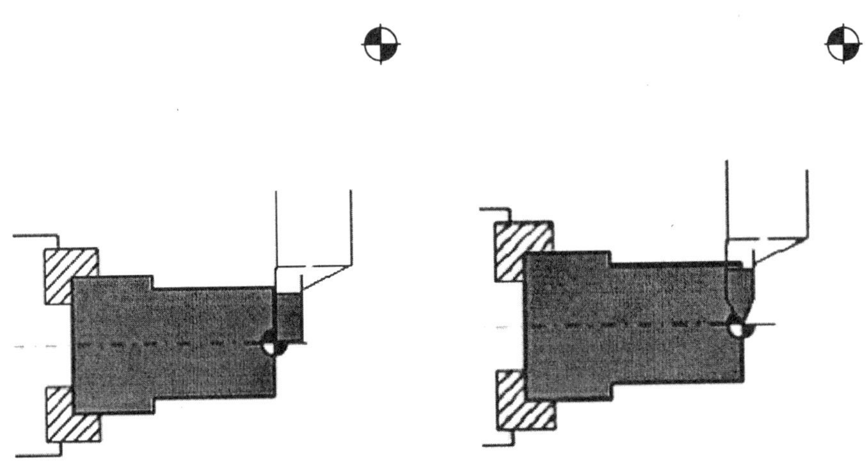

형상보정 후 프로그램 원점으로 공구이동했을 때의 각 공구의 위치

4.2.3 공구 보정 순서

앞에서 기준공구로 공작물 좌표 설정을 할 때에 측정한 외경(X좌표 직경치)이

X58.75였다. 기준 이외의 공구의 보정을 위하여 보정에 앞서 다음 사항을 실행한다.

(1) 보정전 실행 사항

① 좌표설정시 사용한 기준공구(황삭)로 외경을 다시 한번 조금만 가공한다.

[선택] → [반자동]에서 "G97S1000 M03 ; "을 입력하여 주축회전을 실행하던가, 또는 이전에 좌표계설정에서 [반자동]을 사용한 적이 있으면 "M03 ; "만을 입력후 실행하면 이전에 설정된 회전수대로 주축이 회전하므로 이후 [핸들운전]으로 공구를 이송하여 가공한다.

주 반자동화면에서 [취소]를 선택하면 [핸들운전]화면으로 이동한다.

② 외경을 가공한 상태에서 [상대0SET(F4)]를 누르고 [U0]를 눌러 상대좌표 U0가 되도록 한다.

정삭바이트의 보정은 홈바이트와 동일한 방법으로 실행하면 되므로 여기에서는 홈바이트(예 5번 공구)와 나사바이트(예 7번 공구)의 공구보정에 대해 설명하고자 한다.

(2) 홈바이트(5번 공구) 보정

(가) X값 보정(직경 보정)

위에 설명한 보정전 수행사항을 실행하였다면 이어서 다음과 같이 보정을 실행한다.

① 공구를 공작물과 어느 정도 거리를 띄운 후 5번 공구로 변환시킨다.

㉠ [선택] → [핸들운전(F8)] → [X축], [Z축]선택 후 수동펄스발생기로 공구를 공작물로부터 멀리 이동시킨다.

㉡ 모니터 하단의 [선택]키를 누른 후 [반자동(F7)]을 선택한다.

㉢ 명령어 입력라인에 T0500 입력 후 ↵ [CYCLE START]를 누른다.

㉣ 터렛이 회전하여 기준공구가 절삭위치로 이동하는 것을 확인한다.

② 주축을 회전시키고 외경을 보정한다.

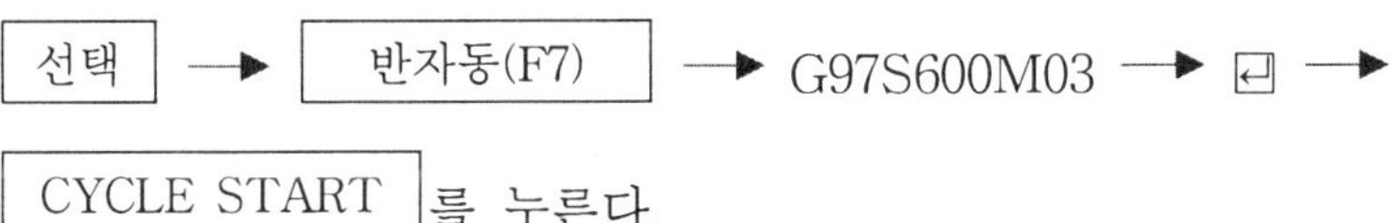

를 누른다.

③ 선택 → 핸들운전(F8) → X축, Z축 선택 후 수동펄스발생기로 공구를 공작물의 외경에 접촉시킨다.

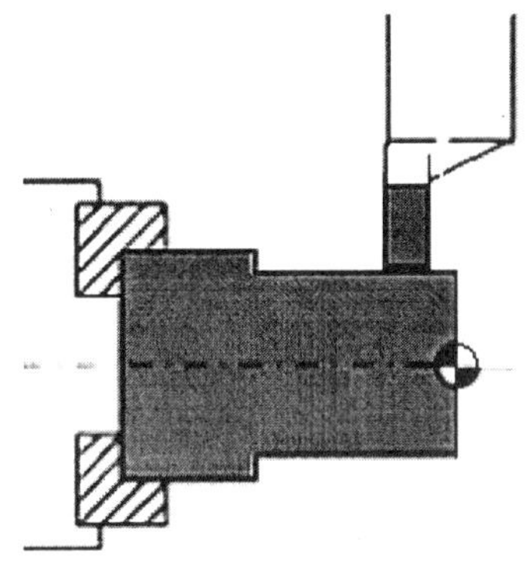

④ 1번 공구(기준공구)와의 X좌표 오차(길이차)를 확인한다.(예 U-0.39)

⑤ Z+방향으로 공구대를 안전하게 이동시킨 후 spindle stop 을 눌러 주축을 정지시킨다.

주의 이때 X방향으로 움직이면 안 된다.

⑥ 화면 → 보정(F5) 을 선택한다.

⑦ 번호 05란에 커서를 위치 후 기준공구와의 X좌표 오차(길이차) X-0.39를 입력한다.

⑧ 번호 05란에 X축란에 X좌표 오차(길이차) −0.39가 입력된 것을 확인한다.

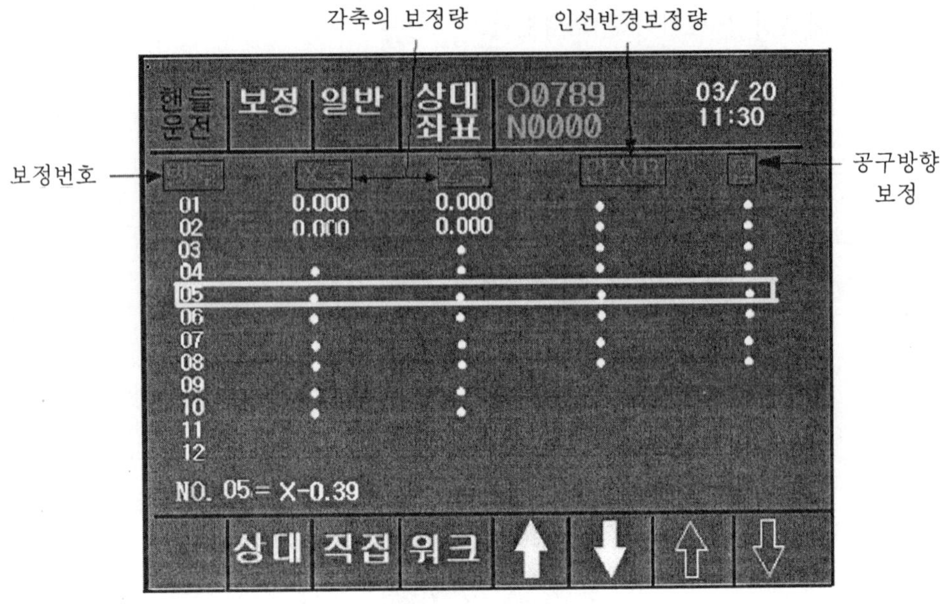

(나) Z값 보정(단면 보정)

① 화면 → 반자동(F7) → G97S600M03 → ↵ → CYCLE START 를 눌러 주축을 회전시킨다.

② 스핀들을 회전시키고, 공구를 공작물단(기준공구에서 W=0 위치)에 살짝 터치시킨다.

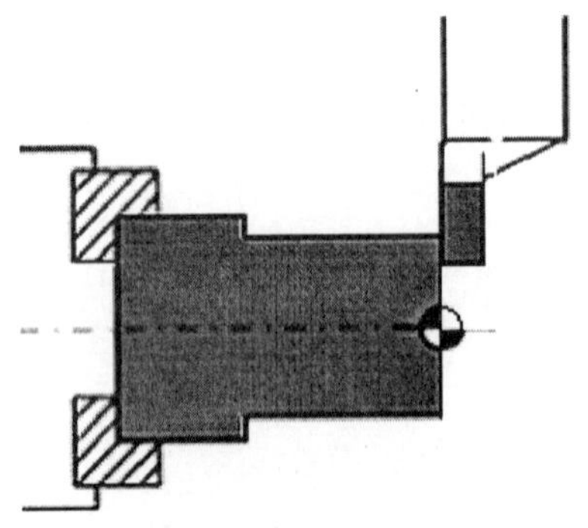

③ 1번 공구(기준공구)와의 Z좌표 오차(길이차)를 확인한다.(예 W0.1)

④ X+방향으로 공구대를 안전하게 이동시킨 후 spindle stop 을 눌러 주축을 정지시킨다.

주의 이때, Z방향으로 움직이면 안된다.

⑤ 화면 → 보정(F5) 을 선택한다.

⑥ 번호 05란에 커서를 위치 후 기준공구와의 Z좌표 오차(길이차) Z0.1을 입력한다.

⑦ 번호 05란에 Z축란에 Z좌표 오차(길이차) 0.1이 입력된 것을 확인한다.

※ 홈바이트 보정 완료

(3) 나사바이트(7번 공구) 보정

(가) X값 보정

① 공구를 공작물과 어느 정도 거리를 띄운 후 7번 공구로 변환시킨다.

㉠ 선택 → 핸들운전(F8) → X축 , Z축 선택 후 수동펄스발생기로 공구를 공작물로부터 멀리 이동시킨다.

㉡ 모니터 하단의 선택 키를 누른 후 반자동(F7) 을 선택한다.

㉢ 명령어 입력라인에 T0700 입력 후 ⏎ CYCLE START 를 누른다.

㉣ 터렛이 회전하여 나사바이트가 절삭위치로 이동하는 것을 확인한다.

② 선택 → 반자동(F7) → G97S600M03 → ⏎ → CYCLE START 를 눌러 주축을 회전시킨다.

③ 선택 → 핸들운전(F8) → X축 , Z축 선택 후 수동펄스발생기로 그림과 같이 공구를 외경에 접촉시킨다.

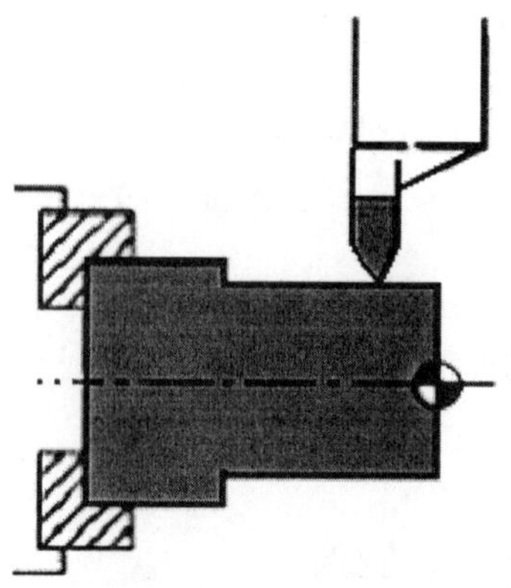

④ 1번공구(기준공구)와의 X좌표 오차(길이차)를 확인한다.(예 −0.5)

⑤ [화면] → [보정(F5)]을 선택한다.

⑥ 번호 07에 커서를 위치한 후 기준공구와의 X좌표 오차(길이차) X−0.5를 입력한다.

⑦ 번호 07의 X축에 X좌표 오차(길이차) −0.5가 입력된 것을 확인한다.

(나) Z값 보정

① [선택] → [반자동(F7)] → G97S600M03 → ↵ → [CYCLE START]를 눌러 주축을 회전시킨다.

② 주축을 회전시킨 후 그림과 같이 공구의 날 끝을 공작물 단 모서리에 일치시킨다.

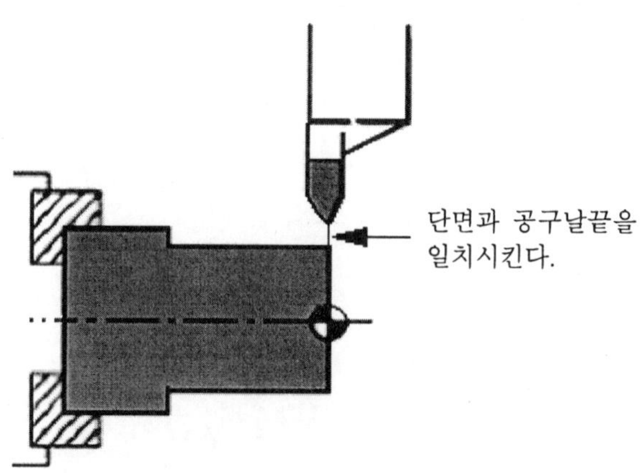

③ 1번 공구(기준공구)와의 Z좌표 오차(길이차)를 확인한다.(예 0.1)

주의 이후 보정 완료시까지 Z방향으로 움직이면 안된다.

④ 화면 → 보정(F5) 을 선택한다.

⑤ 번호 07란에 커서를 위치한 후 기준공구와의 Z좌표 오차(길이차) Z0.1을 입력한다.

⑥ 번호 07란에 Z축란에 Z좌표 오차(길이차) 0.1이 입력된 것을 확인한다.

⑦ 공구대를 안전하게 이동시킨 후 spindle stop 을 눌러 주축을 정지시킨다.

※ 나사바이트 보정완료

프로그램 작성 및 편집

5.1 프로그래밍

5.1.1 이송기능(보간기능)

(1) 급속위치결정(G00코드)

임의의 위치로 일감 또는 공구를 급속으로 이동시킬 때 사용하는 기능으로 이동 경로는 짧은 좌표값까지는 45° 방향으로 진행한 후 직선으로 이동

지령형식 : G00 X(U)___ Z(W)___ ;

① 공구가 공작물을 가공하기 위해 공작물에 접근할 때
② 일차적인 가공 후 다음 가공을 위해 이동할 때
③ 가공이 끝나고 공구를 교환하기 위해 시작점으로 되돌아 갈 때
④ 가공이 완전히 종료되었을 때
⑤ 기계 제작시 결정된 파라메터상의 속도에 따라 움직인다.

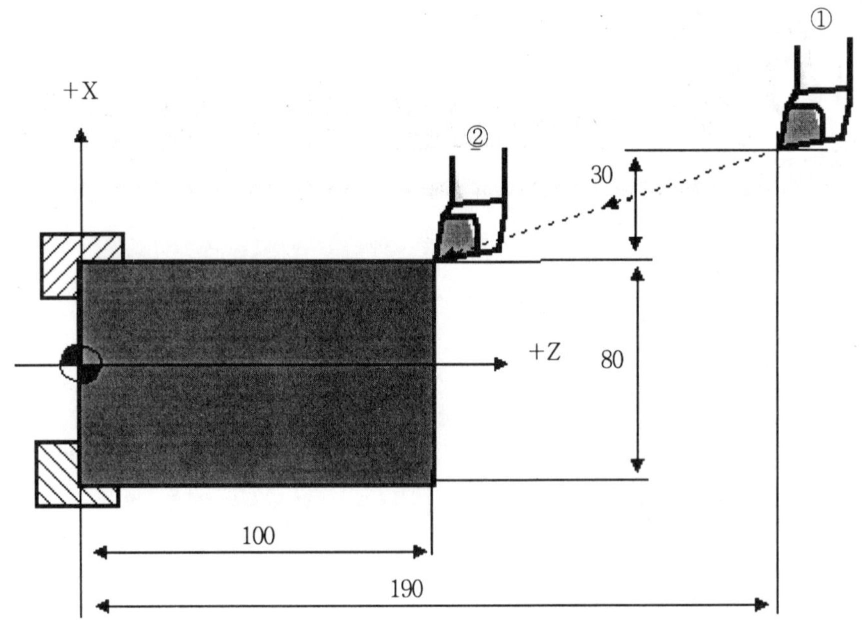

⑥ 현재의 점 ①로부터 X, Z 또는 U, W만큼 떨어진 점 ②로 공구가 급속 이송하여 위치를 결정

⑦ 일반적으로 비절삭시 공구의 이동에 사용되며, 이송 속도는 파라미터에 지정된 값으로 이동(보통 각 축의 급속이송 속도 : 15[m/min])

㉠1 G00 X80.0 Z100.0 ; ㉠2 G00 X80.0 W-90.0 ;

㉠3 G00 U-60.0 W-90.0 ; ㉠4 G00 U-60.0 Z100.0 ;

(2) 직선 보간(G01)

① 직선가공(보간)은 실제 가공을 하는 이송지령으로 공구를 지령한 이송 속도로 현재의 위치에서 지령한 위치로 직선 절삭 이송

② 현재의 점으로부터 X, Z 또는 U, W만큼 떨어진 점까지 지정된 이송 속도로 공구가 직선 절삭 이송

형식 : G01 X(U)___ Z(W)___F___ ;

예1

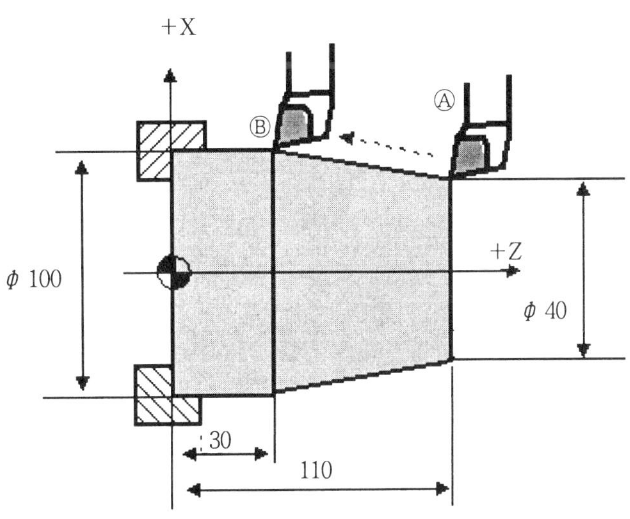

기호	설명	프로그램 형식
X	종점의 X좌표	① G01 X100. Z30.F0.2 ;
U	종점의 X좌표(증분치)	② G01 U60. W-80.F0.2 ;
Z	종점의 Z좌표	③ G01 X100. W-80.F0.2 ;
W	종점의 Z좌표(증분치)	※ 한 블록내에서 절대치와 증분치를 혼용사용 가능
F	이송속도	

예2

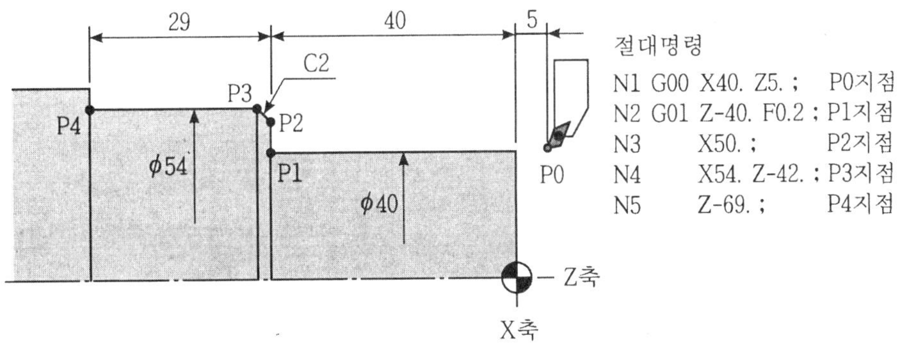

[이송기능]

① 공작물에 대하여 공구를 이송시켜 주는 기능 공구의 이송속도를 F 다음에 수치로서 지정한다.

② CNC 선반에서는 일반적으로 회전당 이송[mm/rev]을 사용함.

	G99(회전당 이송:△)	G98(분당 이송)
기 능	주축 1회전당 공구 이송거리	매분당 공구 이송거리
어드레스	F	F
지정 범위	0.01~99.99[mm/rev]	1~32767[mm/min]
	전원 공급시 설정되어 있음	
예	G99 F0.2 : 회전당 0.2[mm] 이송	G98 F150 : 분당 150[mm] 이송

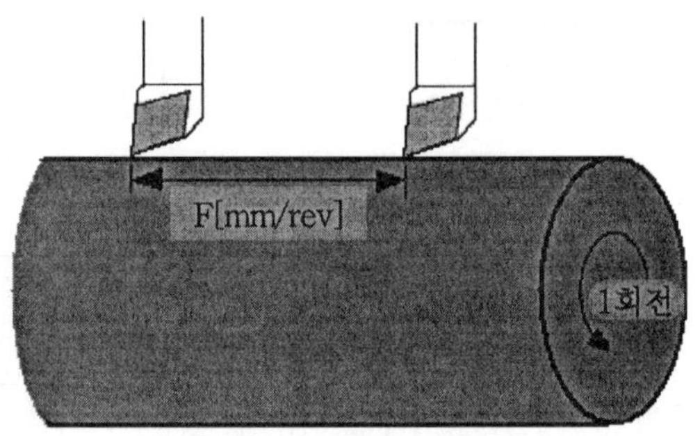

회전당 이송량

예 제 다음을 프로그램 하시오(형상 프로파일).

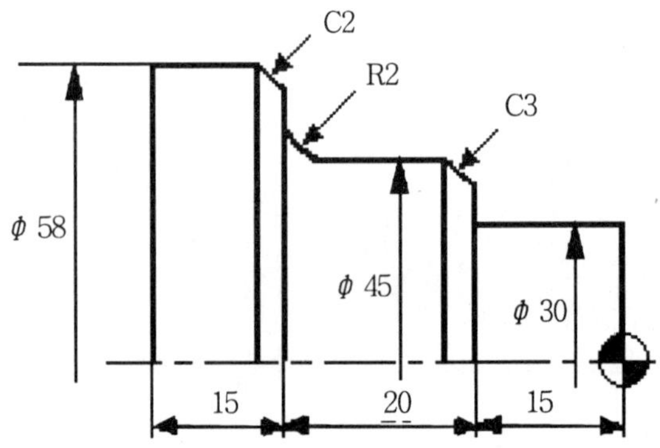


```
O 0011 ;
G28 U0 W0 ;
G50 X150.Z150. S1200 T0100 ;
```

```
G96 S180. M03 ;
G00 X0.Z1.T0101 M08 ;
G01 Z0. F0.2 ;
G01 X30. ;
G01 Z-15. ;
G01 X39. ;
G01 X45.Z-18. ;
    Z-33. ;
G02 X49. Z-35. R2. ;
G01 X54. ;
    X58. Z-37. ;
    Z-55. ;
    X-60. ;
G00 X150. Z150. ;
    M09 ;
    M05 ;
    M02 ;
```

(3) 원호 보간(G02, G03)

① 공구의 이동시작점에서 끝점까지 반경 R크기로 시계방향과 반시계방향으로 원호가공하는 기능.

② 가공방향 : G02 : 시계방향 원호가공(CW : Clock Wise)
G03 : 반시계방향 원호가공(CCW : Counter Clock Wise)

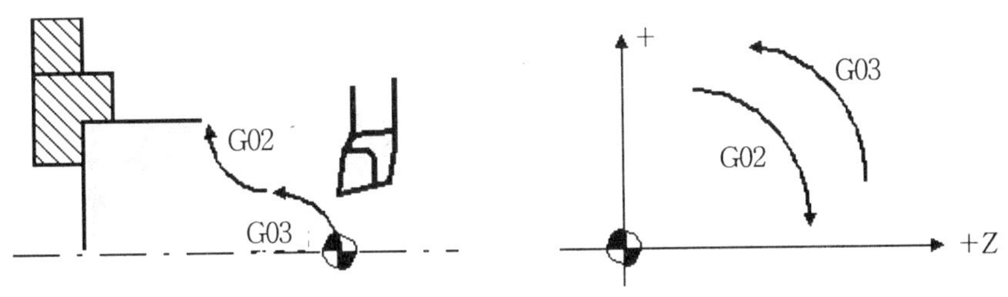

오른손 좌표계

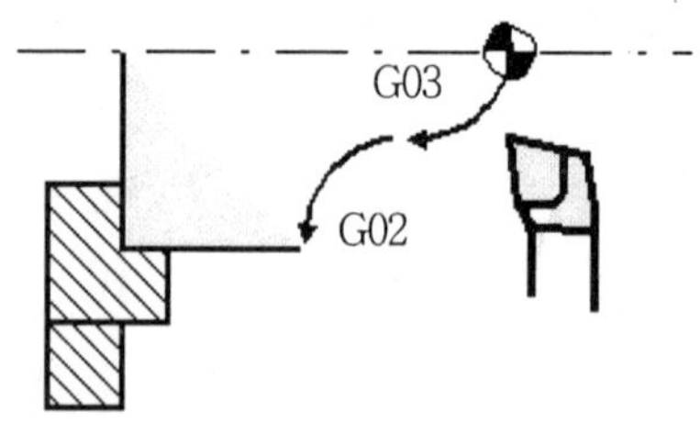

왼손 좌표계

③ 지령방법 :

G02	X(U)__ Z(W)__	R__ F__ ;
G03		I__ K__ F__ ;

④ 지령워드의 의미

X, Z(x, z) : 원호가공의 종점좌표

F : 이송 속도

R : 원호 반지름(반경 지정) : 180° 이하에서만 지령가능

I, K : 원호의 시작점에서 중심까지 거리를 증분값으로 나타낸 반지름 값으로서 원호의 시작점을 기준으로 중심의 위치가 (+)방향이냐, (−)방향이냐에 따라 부호가 결정되고 I, K 값 어느 쪽이 0일 경우 생략할 수 있음.

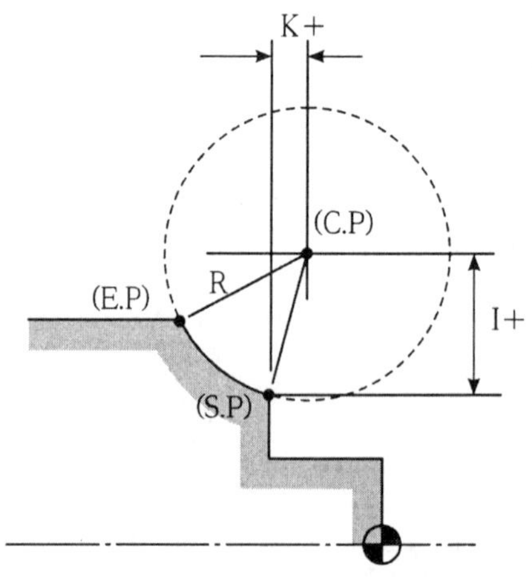

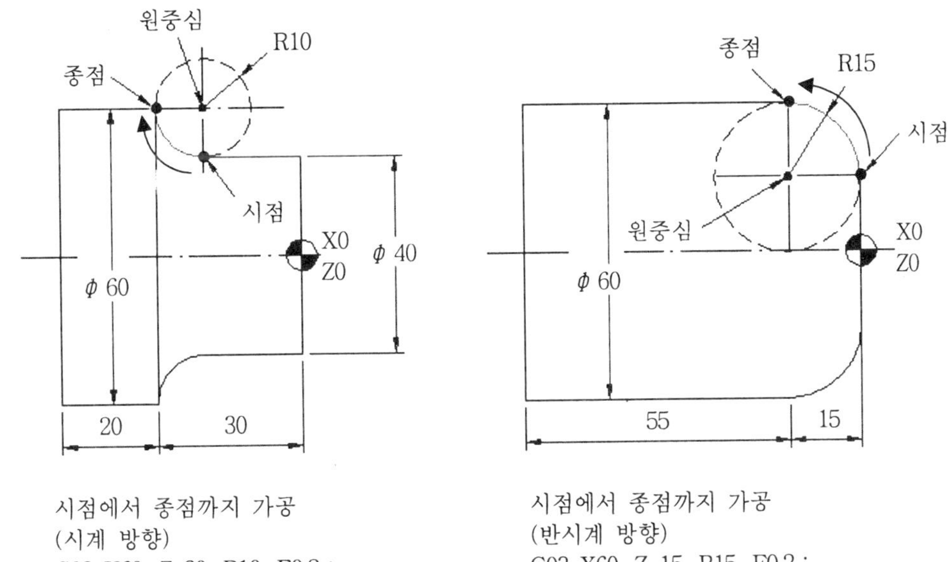

시계 방향 원호 가공

반시계 방향 원호 가공

예 제 A지점에서 B, C, D 지점으로 가공하는 절대, 증분, I, K 지령 원호보간 프로그램을 작성하시오.

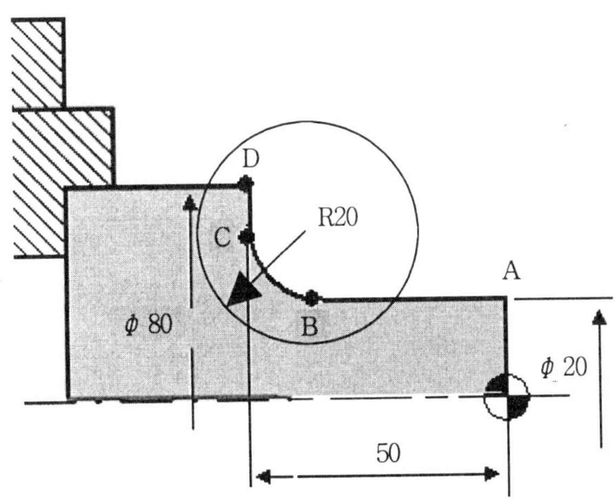

R(절대지령)	R(증분지령)	I,K지령 원호보간
G01 Z-30.F0.2 ; G02 X60. Z-50. R20. ; G01 X80. ;	G01 W-30. F0.2 ; G02 U40.W-20.R20. ; G01 U20. ;	G01 Z-30. F0.2 ; G02 X60. Z-50. I20. ; G01 X80. ;

연 습 다음 과제를 공구경로에 따라 형상 프로그램하시오.

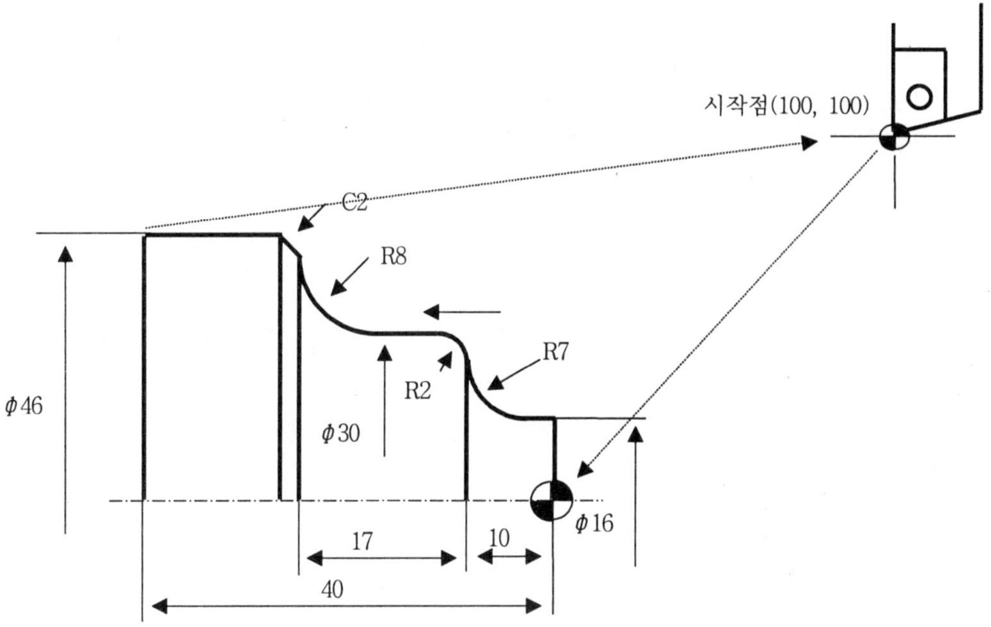

N01 G28 U0 W0 ;

N02 G50 X100.Z100. S1200 T0100 ;

N03 G96 S180. M03 ;

N04 G00 X0.Z1.T0101 M08 ;

가공실행부 작성연습

M09 ;

M05 ;

M02 ;

5.1.2 휴지시간 설정(G04)

(1) 프로그램에 지정된 시간 동안 공구의 이송을 잠시 정지시키는 명령

① 홈 가공이나 드릴 작업 등에서 간헐 이송에 의해 칩을 절단하거나

② 홈가공에서 회전당 이송으로 생기는 단차를 제거하고

③ 표면 거칠기를 깨끗이 하기 위해 정해진 시간 동안 이송을 정지시킬 때

④ 모서리를 정밀 가공할 때 사용하는 기능

정지시간(초)=60/rpm×회전수(절삭 중 정지 시간 동안 주축이 회전한 수)

(2) 지령형식

G04 X(U, P) __ ;

X(U) : 초 단위를 기본설정으로 소숫점 이하 3자리까지 설정가능

P : 1/1000초 단위를 기본설정으로 소숫점을 사용할 수 없다.

예 1.5초간 정지후 다음 블록을 실행하고자 할 때

① G04 X1.5 ;

② G04 U1.5 ;

③ G04 P1500 ;

5.1.3 나사가공

나사절삭시 주축회전수가 일정해야 하므로 G97 코드를 사용하여 주축회전수를 일정하도록 사전에 제어해야 한다.

(1) 나사가공코드 및 사이클의 종류

① 나사절삭 코드 G32

② 단일고정형 나사사이클 G92

③ 복합고정형 나사사이클 G76

(2) 나사절삭코드의 차이

G32	G92	G76
매회 공구이동경로를 프로그래밍 해야 한다.	한 사이클마다 나사의 절삭 깊이를 지정	1회 프로그래밍으로서 골경 및 절입깊이 등을 지정

(3) 나사의 최종 골지름 산출(절대값)

구 분	도표에 의한 산출	경험치
공 식	· 나사의 최종 골지름 X=나사외경-(절입깊이×2)	절입깊이 : 피치의 약 60[%] ∴ 나사의 최종 골지름 X=나사외경-(피치×0.6×2)
예1 M60P2나사의 최종 골지름은?	P2.0의 절입깊이=1.19 ∴ 나사의 최종 골지름 X=60-1.19×2=57.62	골지름 X=60-2×0.6×2=57.6
예2 M30P1.5나사의 최종 골지름은?	P1.5의 절입깊이=0.89 ∴ 나사의 최종 골지름은 X=30-0.89×2=28.22	X=30-1.5×2×0.6=28.2

(4) 나사절삭 이송속도

나사 가공시 피치의 정밀도를 유지하기 위하여 주축의 회전위치 검출기(posi-tion coder)에서 매 회전마다 신호를 검출하여 송구를 이송함으로 반복 가공하여도 항상 동일한 점에서 가공이 시작된다.

특히 나사 가공시에는 주축회전수을 고정하여야 함으로 반드시 주축회전수 일정제어(G97)로 제어하여야 하며, 주축회전수 조절 오버라이드 스위치와 이송속도 조절 오버라이드 스위치는 100[%]로 고정하여야 한다. 또한 나삭가공시 이송정지(Feed hold) 기능은 무효가 된다.

(가) G32(단일 나사절삭코드)

G32 X(U)_ Z(W)_ Q_ F_ ;

X : 나사절삭시 끝점의 X좌표(나사가공 끝의 지름)

Z : 나사절삭시 끝점의 Z좌표

Q : 다줄나사가공시 절입각도(1줄 나사는 Q0이므로 생략가능)

F : 피치(다줄나사인 경우 리드량)

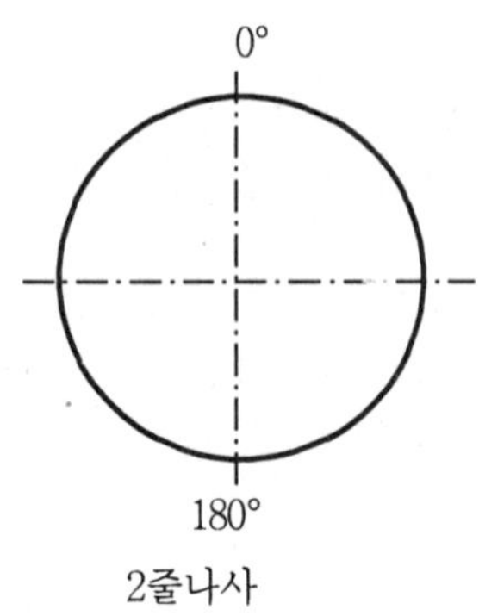

2줄나사

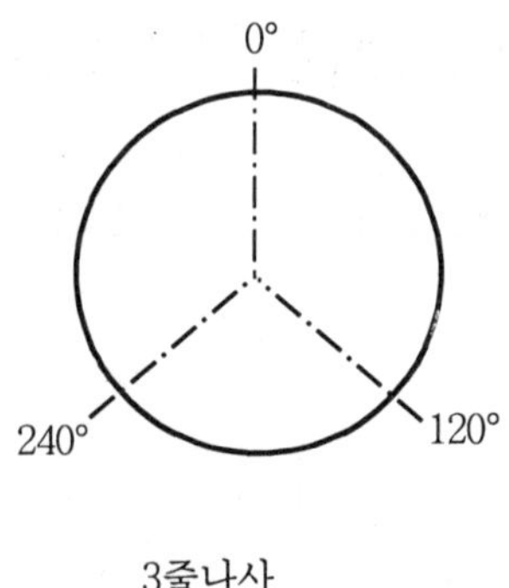

3줄나사

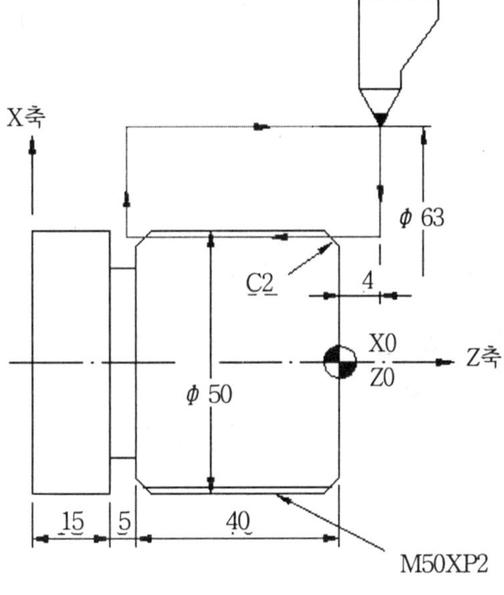


```
G00 X49.3 ;
G32 Z-41. F2. ;
G00 X70. ;
    Z4. ;
    X48.8 ;
G32 Z-41. ;
G00 X70. ;
    Z4. ;
    X48.42 ;
G32 Z-41. ;
G00 X70. ;
    Z4.
    X48.18 ;
G32 Z-41. ;
G00 X70. ;
    Z4. ;
    X47.98 ;
G32 Z-41. ;
G00 X70. ;
    Z4. ;
    X47.82 ;
G32 Z-41. ;
G00 X70 ;
    Z4. ;
    X47.72 ;
G32 Z-41. ;
G00 X70. ;
    Z4. ;
    X47.62 ;
G32 Z-41.
G00 X70.
    Z4.
```

[나사 절삭시 1회 절입량]

피 치	1.00	1.25	1.50	1.75	2.00	2.50	3.00	3.50	4.00
산의 높이	0.60	0.74	0.89	1.05	1.19	1.49	1.79	2.08	2.38
1회 절입량	0.25	0.35	0.35	0.35	0.35	0.40	0.40	0.40	0.40
2회 절입량	0.20	0.19	0.20	0.25	0.25	0.30	0.35	0.35	0.35
3회 절입량	0.10	0.10	0.14	0.15	0.19	0.22	0.27	0.30	0.30
4회 절입량	0.05	0.05	0.10	0.10	0.12	0.20	0.20	0.25	0.25
5회 절입량		0.05	0.05	0.10	0.10	0.15	0.20	0.20	0.25
6회 절입량			0.05	0.05	0.08	0.10	0.13	0.14	0.20
7회 절입량				0.05	0.05	0.05	0.10	0.10	0.15
8회 절입량					0.05	0.05	0.05	0.10	0.14
9회 절입량						0.02	0.05	0.10	0.10
10회 절입량							0.02	0.05	0.10
11회 절입량							0.02	0.05	0.05
12회 절입량								0.02	0.05
13회 절입량								0.02	0.02
14회 절입량									0.02

Process Sheet

소속 : 컴퓨터응용기계과　　　　　　　　　　　　　성 명 : ________

예 G32에 의한 나사가공	사용재료 : ϕ60×100		
	tool setting sheet		
	공 구 명	공구번호	옵셋번호
	나사바이트	T05	05

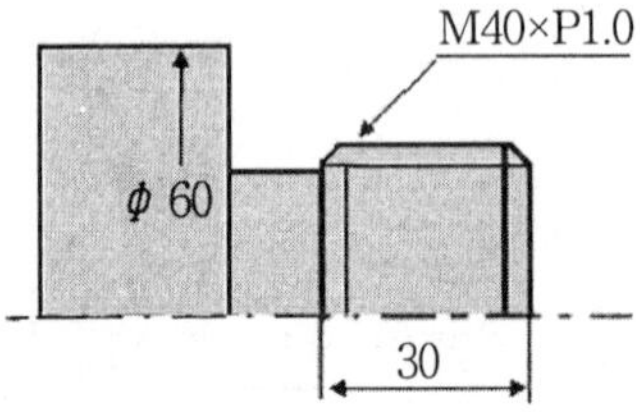

M40×P1.0
ϕ 60
30

블록 번호	내 용
N10	T0500 ;
N20	G97 S700 M03 ;
N30	G00 X45. Z5. T0505 M08 ;
N40	X39.5 ;
N50	G32 Z-30. F1.0 ;
N60	G00 X45. ;
N70	Z5. ;
N80	X39.1 ;
N90	G32 Z-30. F 1.0 ;
N100	G00 X45. ;
N110	Z5. ;
N120	X38.9 ;
N130	G32 Z-30. F1.0 ;
N140	G00 X45. ;
N150	Z5. ;
N160	X38.8 ;
N180	G00 X45. ;
N190	X100. Z100. T0500 (M09) ;
N200	M02 ;

(나) G92(단일고정형 나사사이클)

형식 : G92 X(U)_ Z(W)_ F_ ; 평행나사

X(U) : 나사절삭시 나사가공 끝지점의 X좌표(지름지령)

Z(W) : 나사절삭시 나사끝의 끝지점의 Z좌표

F : 피치값 지정(Z방향 리드량 지정)

형식 : G92 X(U)_ Z(W)_ I_ F_ ; 테이퍼나사

I : 테이퍼나사 절삭시 X좌표 나사 끝 지점과 나사 시작점의 거리와 방향 반지름 지정

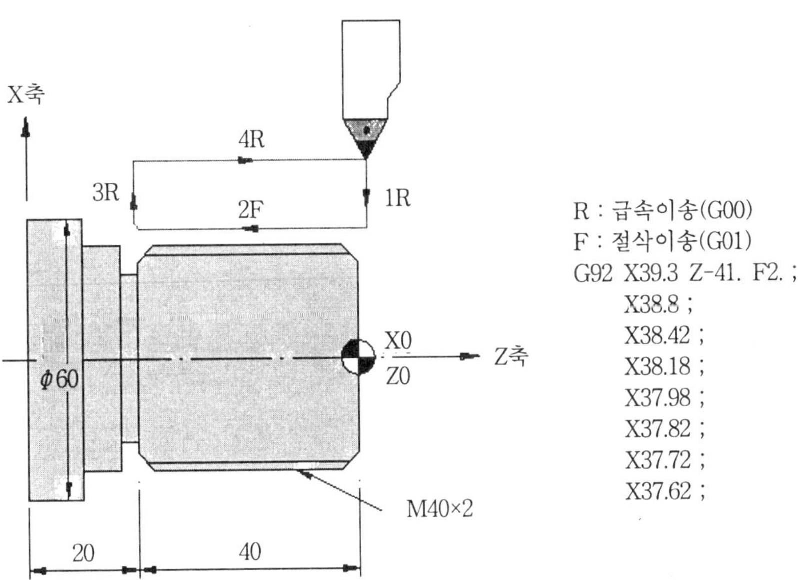

(다) G76(복합고정형 나사사이클)

주로 큰 나사 가공시 사용되는 것으로 나사 바이트 인선의 한쪽면만으로 가공하므로 바이트에 부하가 적게 걸리는 특징이 있음.

G76 X(U)_ Z(W)_ I_ K_ D_ (R) F_ A_ P_ ;

X_ Z_ : 나사 끝지점의 좌표

I : 나사 끝지점에서 나사 시작점 X값의 거리(반지름 명령, 평행나사시 생략)

K : 나사산의 높이(반지름 명령)

D : 최초의 절입량 지정(반지름 명령)-소숫점 사용불가

F : 피치값 지정(Z방향 리드량 지정)

A : 나사각도 지정

P : 절삭방법(생략시 절삭량 일정, 한쪽날 가공을 수행)

R : 면취량(파라메터로 지정)

G76 X48.81 Z-41. I0. K1. 19 D350 A60 F2.0

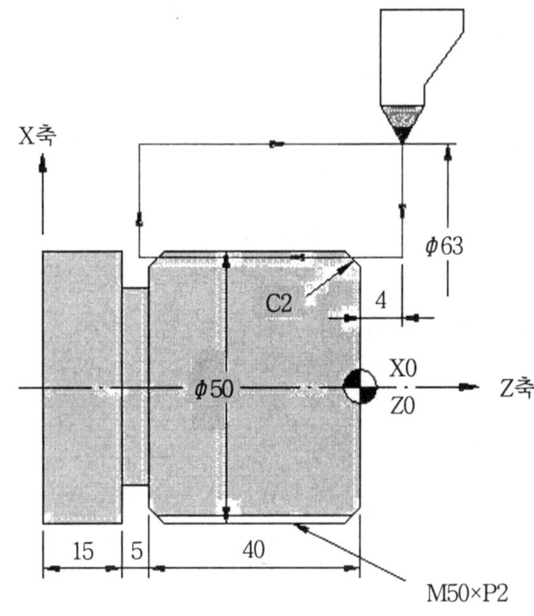

Process Sheet

소속 :　　　　　　　　　　　　　　　　성 명 : ________

나사사이클에 의한 나사가공	사용재료 : ϕ60×100		
	tool setting sheet		
M40×P1.0	공 구 명	공구번호	옵셋번호
48.0	나사바이트	T07	07

블록 번호	내 용		
	G32코드	G92 사이클	G76 사이클
N10			
N20			
N30			
N40			
N50			
N60			
N70			
N80			
N90			
N100			
N110			
N120			
N130			
N140			
N150			
N160			
N170			
N180			
N190			
N200			

5.1.4 원점 복귀

① CNC 공작 기계로 1개의 제품을 완성하려면 기계 원점 또는 제2, 3, 4 원점과 공작물 원점(프로그램 시작점)과의 거리를 정확하게 알려 주어야 기계가 가공물의 위치를 알고 공구를 가공 시작점으로 이동

② 최초의 기계 원점 복귀는 조작반을 수동 조작하여 원점 복귀하고, 그 후부터는 프로그램에 의한 자동 원점 복귀 방법을 사용

③ 사용한 공구를 다른 공구로 교환할 때 공작물에서 일정한 거리를 두고 교환

④ 공구를 일감의 가공 위치로부터 기계 원점으로 이동할 때 장애물이 있어 복귀가 어려운 경우 중간점을 지정하고, 그 위치를 경유하게 하여 안전하게 이동

[자동 원점 복귀]

```
G28 X(U)____ Z(W)_____ ;
```

X(U), Z(W)는 중간점 위치

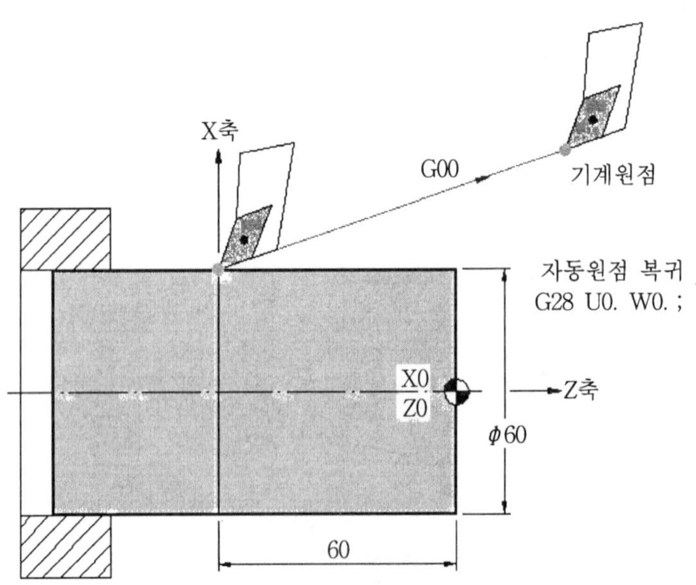

5.1.5 공구 교환 및 공구 보정

(1) 공구기능 T :

NC 선반에서 1개의 공작물을 완성하기까지는 여러개의 공구가 필요하며, 그 공구들은 모양과 크기가 다양하므로 각 공구별로 보정을 해야 함.

(제4장 좌표계 설정과 공구 보정 참조)

① T 0200 : 2번 공구 호출을 의미-(가공 준비)
공구번호 2번 보정 없음(취소)

② T 0202 : 2번 공구에 2번 보정을 지령-(가공 시작)
공구번호 2번 보정번호 2번

③ T 0200 : 2번 공구에 공구 보정을 취소시키는 지령-(가공 완료)
공구번호 2번 보정 없음(취소)

(2) 인선 반지름과 경로 보정

인선 반지름에 의해 발생하는 오차량을 자동으로 보정

(가) 인선 반지름 보정과 공구 경로

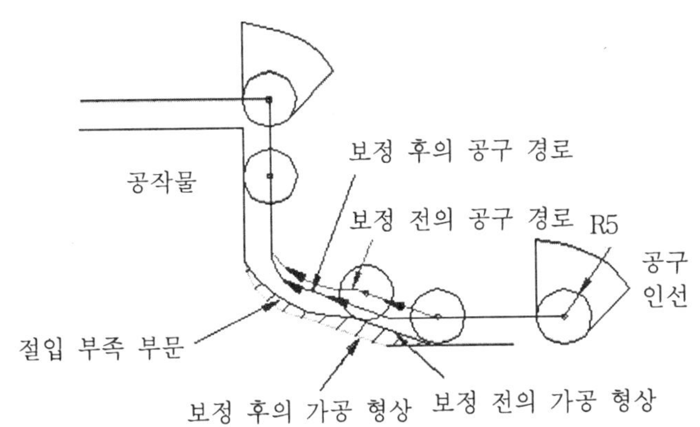

(나) 가상 인선 방향

인선 반지름의 크기와 가상 인선 번호를 공구 형상 보정 번호의 R(인선 반지름)과 T(가상 인선 번호)에 설정하여 사용

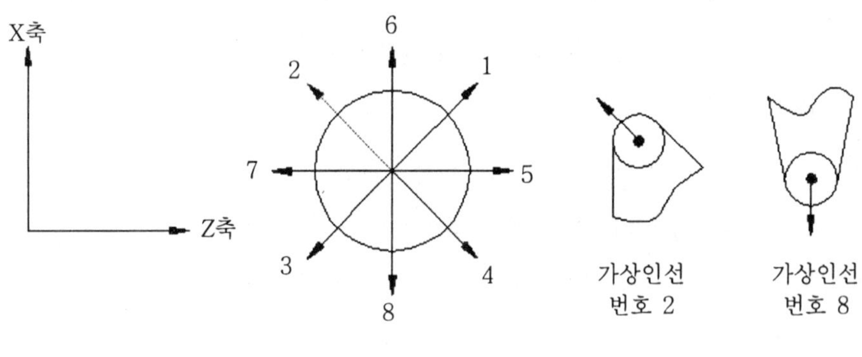

가상 인선 번호

(다) 가공위치 보정 및 취소

① 보정 방향 지령

인선 반지름 보정을 위해 공구가 공작물의 어느 쪽(좌측, 우측)으로 지나가는지를 구분해 명령

G41(G00, G01) X(U)__ Z(W)__ ; 좌보정 G42(G00, G01) X(U)__ Z(W)__ ; 우보정

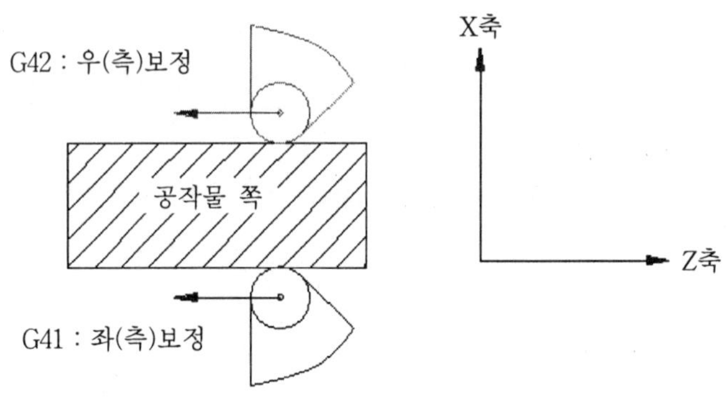

② 인선 반지름 보정 취소(G40)

G41, G42로 인선 반지름을 보정하여 가공한 후 G40으로 공구 보정을 취소해야 함.

G40(G00, G01) X(U)__ Z(W)__ I__ K__ ;

5.1.6 사이클 가공

(1) 단일고정사이클

(가) 내외경 절삭 사이클(G90)

① 내·외경 절삭 가공시 주로 사용하며, 이러한 가공들은 1회 절삭으로는 불가능므로 여러번 반복 가공을 해야 한다.

G90 X(U)__ Z(W)__ I __ F__ ;

X(U), Z(W) : 가공종점의 좌표

I : 구배값으로 가공종점에서 시작점까지 방향과 거리

F : 이송속도

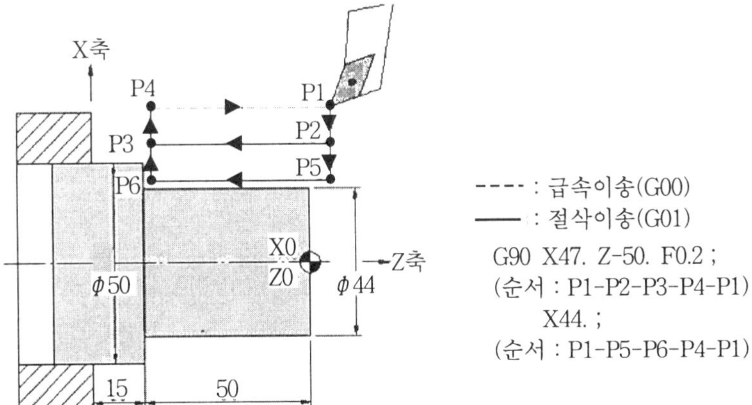

(나) 단면절삭 사이클(G94)

가공할 부분 중 길이(축)방향이 짧고 단면 방향이 클 때 주로 사용한다.

G94 X(U)___ Z(W)____ K____ F___ ;

X(U), Z(W) : 절삭의 끝점 좌표

K : 구배값으로 끝점에서 시작점까지의 거리(테이퍼 단면 절삭시 적용)

F : 이송 속도[mm/rev]

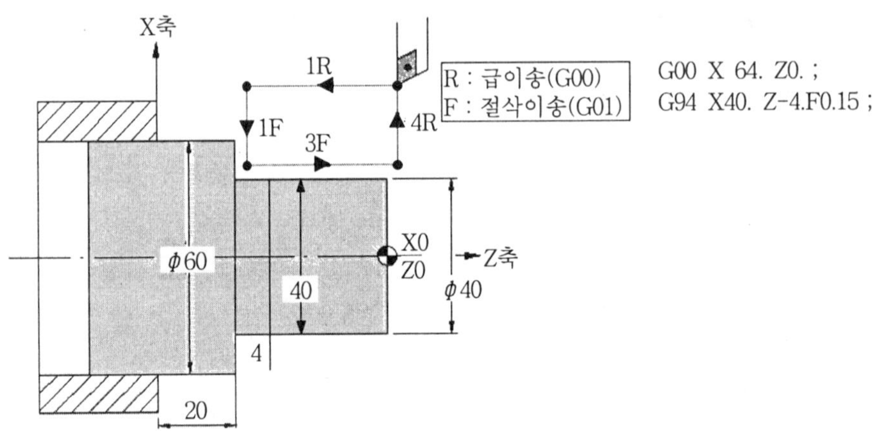

(2) 복합반복사이클

(가) 안, 바깥지름 절삭 사이클(G71), 다듬질절삭 사이클(G70)

단일형 고정 사이클보다 프로그램을 쉽고 간단히 할 수 있고, 가공시간을 단축시킬 수 있다.

황삭 가공 - G71 P__ Q__ U__ W__ D__ F__ ;
정삭 가공 - G70 P__ Q__ F__ ;

P : 황삭(정삭)시작 명령절 전개번호

Q : 황삭(정삭) 종료 명령절 전개번호

U : X방향 정삭여유, W : Z방향 정삭 여유

D : 1회 절삭 깊이(소숫점 지령 불가), F : 이송 속도[mm/rev]

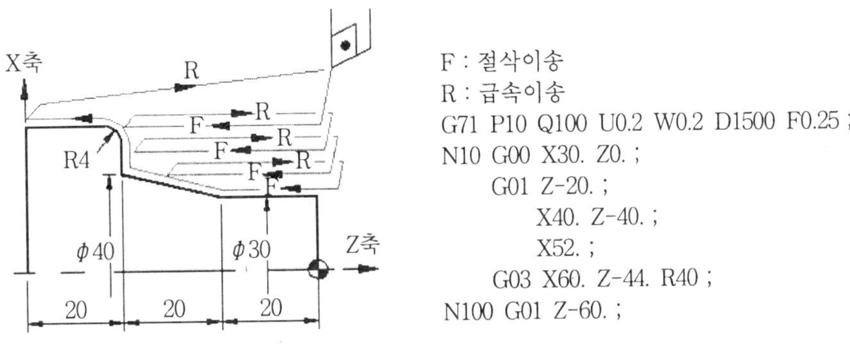

예 제 다음을 G71, G70사이클을 사용하여 프로그램하시오.

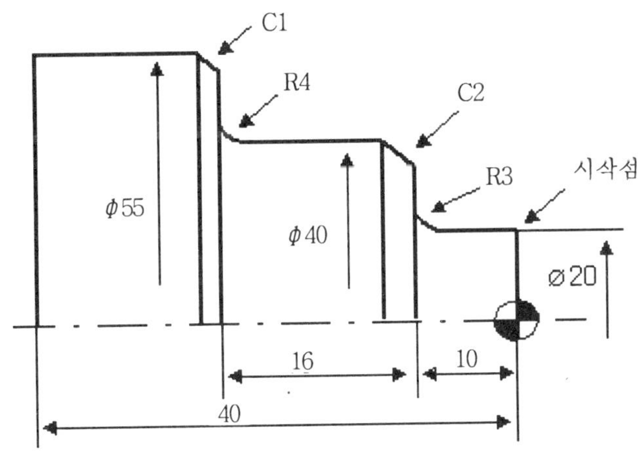

(나) 단면절삭 사이클(G72)

내·외경 황·정삭 사이클(G71, G70)이 축방향(Z)으로 절삭되는 것에 비하여 단면 절삭사이클(G72)은 단면 방향 즉, X축과 평행하게 절삭

① 길이(축) 방향이 짧고, 지름이 크고, 계단이 여러개 있을 경우의 절삭에 유용한 싸이클

G72 P__ Q__ U__ W__ D__ F__ ;

P : 정삭 시작 명령절 전개 번호, Q : 정삭 종료 명령절 전개 번호

U : X방향 정삭 여유, W : Z방향 정삭 여유

D : 1회 절삭 깊이, F : 이송 속도[mm/rev]

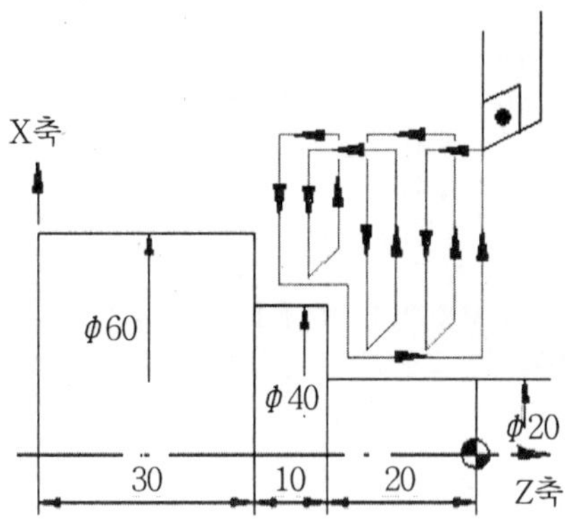


```
G72 P10 Q100 U0.2 W0.2 D1500 F0.25 ;
N10 G00 Z-30 ;
    G01 X40. ;
        Z-20. ;
        X20. ;
N100    Z0. ;
```

(다) 유형 반복 사이클(G73)

일정한 절삭 형상을 조금씩 위치를 옮기면서 반복하여 가공하므로 단조품이나 주조품과 같이 소재 형태가 나와 있는 가공에 효과적임.

G73 P_ Q_ U_ W_ D_ F_ ;

P : 정삭 시작 명령절 전개 번호, Q : 정삭 종료 명령절 전개 번호

U : X방향 정삭 여유, W : Z방향 정삭 여유

D : 1회 절삭 깊이, F : 이송 속도[mm/rev]

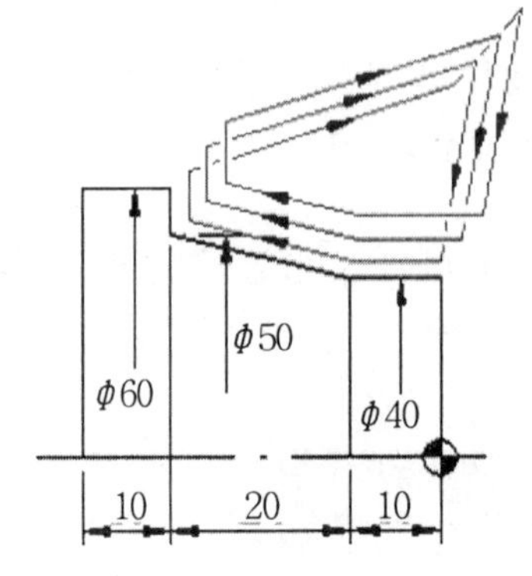


```
G73 P10 Q100 U0.5 W0.5 D2000 F0.2 ;
N10 G00 X40. Z0. ;
    G01 Z-10. ;
        X50. Z-30. ;
N100    X60. ;
```

프로그램의 입력과 편집의 실행

6.1 프로그램의 입력

(1) 신규작성

① [선택] → [편집](F4) → [☞](more : F8) → [일람표](F1) → [신규작성](F1) 버튼으로 신규작성 프로그램 입력화면을 찾아간다.

② 프로그램 번호를 입력한다.(예 0789)

③ 키보드를 사용하여 작성된 프로그램을 입력한다.

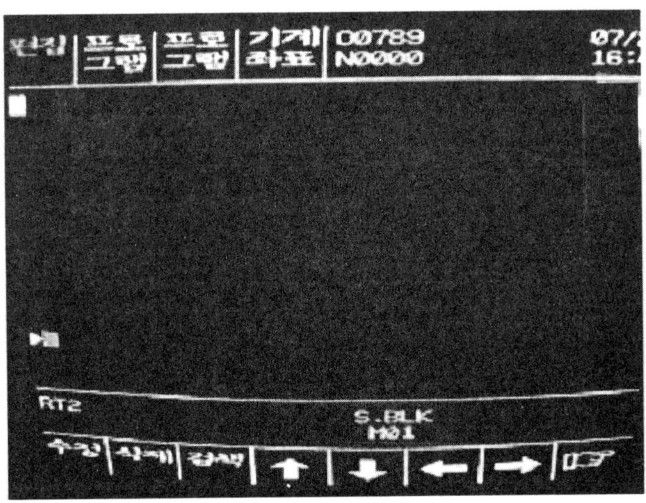

프로그램 입력화면

④ 도안으로 공구경로등을 확인한다.

작성된 프로그램의 실행상태를 화면으로 확인하기 위해서는 다음과 같이 도안을 통하여 공구경로 및 프로그램의 오류 등을 확인할 수 있다.

① 프로그램 편집화면에서 [☞](more : F8) → [📖](F5)[프로그램선두]를 선택하여 프로그램을 앞으로 이동한다.

② [도안](F2) → [스케일링](F6)으로 공구경로를 확인한다.

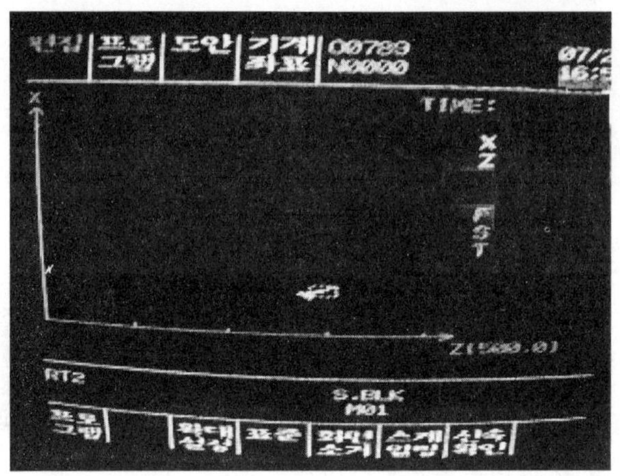

③ 화면에 비해 공구경로가 작게 보이면 [신속확인](F7)으로 경로를 확대하여 볼 수 있다.

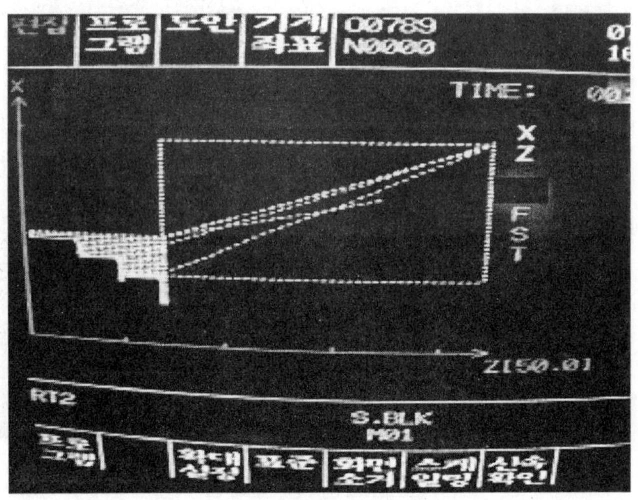

④ 공구경로를 확인한 후에 [프로그램](F1)으로 프로그램 편집화면으로 돌아가 잘못된 부분을 수정하여 경로에 이상이 없을때까지 위의 과정을 반복한다.

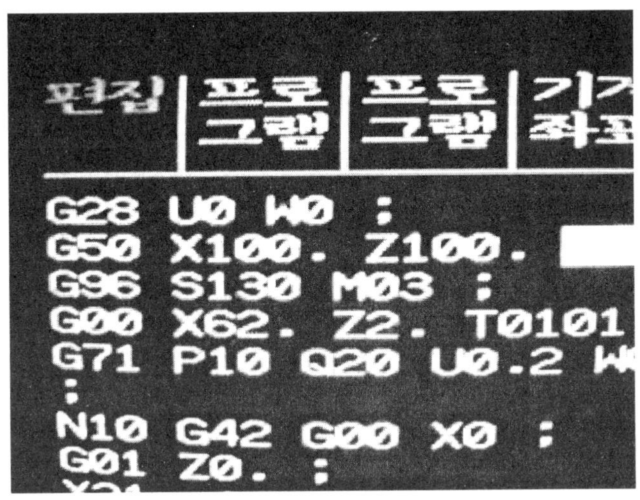

⑤ "좌표계 설정"시 설정한 X, Z 좌표값을 G50(좌표계 설정) 블록에 입력한다.

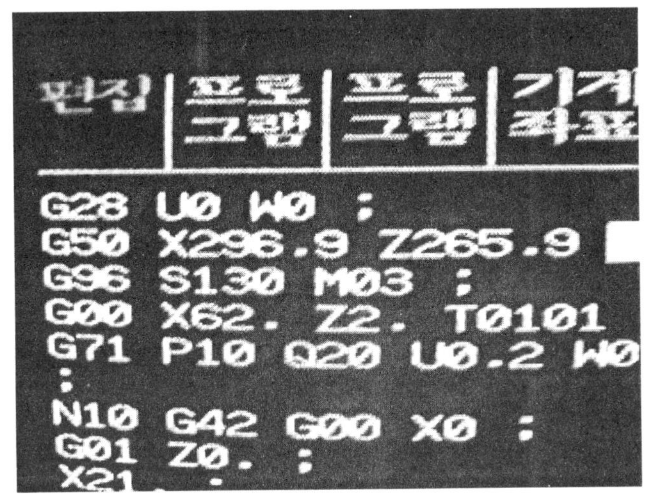

* 프로그램 입력 및 편집완료

6.2 자동 운전 실행

(1) CNC 선반의 편집화면에 입력한 프로그램의 실행

CNC 선반의 편집화면에서 프로그램 입력이 완료되면 다음과 같은 순서로 실행한다.

① [선택] → [자동운전] (F5)으로 작성된 프로그램이 화면에 나타난다.

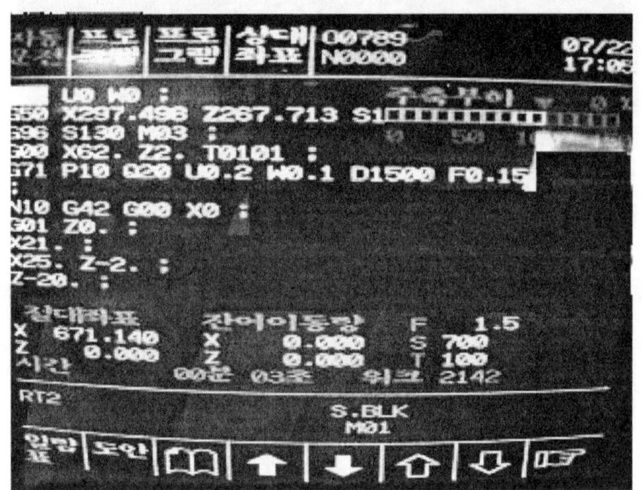

② 📖[프로그램선두]키로 프로그램의 처음으로 이동한다.

③ [선택] → [자동운전] → 후 기능키에서 [SNGL/BLK]를 선택한다.

([SNGL/BLK]키가 없으면 [☞(more)]키로 이동하여 찾는다.)

SNGL/ BLK : 한블록씩 실행하기 위한 기능으로서 한번 누를때 마다 SINGLE BLOCK기능의 실행과 연속가공기능으로 변환된다.

④ [자동개시] 버튼을 누르면 가공이 시작된다.

⑤ 가공이 완료되면 전원을 off하고 주변을 정리정돈한다.

(2) 조작 연습기와의 입출력에 의한 가공

프로그램조작 연습기에서 작성한 프로그램 파일을 CNC 선반 조작반으로 전송시켜 가공하기 위해서는 다음 순서에 의해 작업이 이루어진다.

① 프로그램조작 연습기에서 프로그램을 작성한 후 조작 연습기의 전원을 off 한다.

② CNC 선반 소삭반에서 다음 사항을 수행한다.

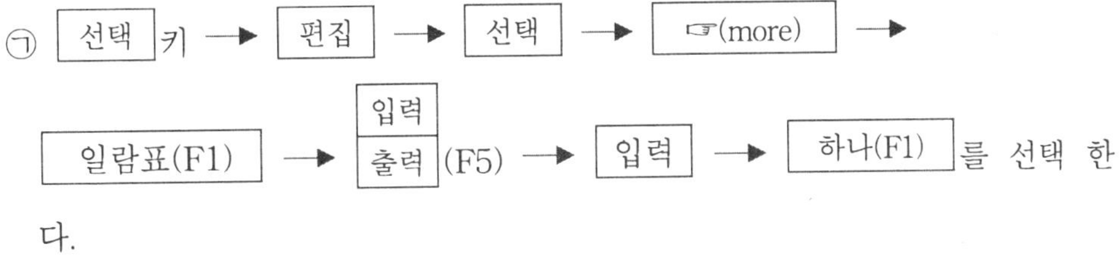

㉠ [선택]키 → [편집] → [선택] → [☞(more)] →

[일람표(F1)] → [입력/출력](F5) → [입력] → [하나(F1)]를 선택 한다.

㉡ 연결 케이블(RS 232C cable)을 CNC 선반과 연결한다.

위의 ㉡항까지 실행한 후 CNC 선반의 대기상태에서 조작연습기에서 출력 작업을 수행한다.

③ 프로그램 조작연습기에서의 출력작업을 수행한다.

㉠ 조작연습기의 전원이 OFF된 상태인지 확인한다.

㉡ cable이 CNC선반 조작반과 연결되어있는지 확인한 후 조작연습기에 연결한다. 이때 cable은 CNC선반 조작반과 먼저 연결된 상태이어야 한다. (전송에러 등의 예방)

㉢ 조작연습기의 전원 S/W ON

ⓐ 조작연습기의 소프트키에서 [CNC선반] 선택

ⓑ 소프트키의 [선택]-[편집]-[입력/출력]-[출력]-[하나] 선택

ⓒ 소프트키의 화살표키로 선택할 P/G명에 위치한 후 [출력결정]선택

④ 조작연습기를 대기시킨 후 CNC선반 조작반에서 [실행(F1)]을 선택한다.

⑤ 조작연습기의 [실행(F1)]을 선택한다.

이때 이미 사용한 프로그램번호를 다시 사용하였을때는 조작반에 "DUPLICA-TE(중복)" 알람이 발생한다. 이럴 때는 조작연습기의 [편집]-[일람표]에서 실행할 프로그램명에 커서를 이동한 후 [복사]-[복사결정]을 선택한 후 새 번호를 입력한 후 새 번호에 의한 프로그램으로 위의 사항을 다시 수행한다.

⑥ 조작연습기에서 CNC선반 조작반으로 전송이 완료되면 조작연습기 전원을 OFF한 후 조작연습기의 cable연결을 제거한다.

⑦ CNC선반 조작반에서 입력된 프로그램을 호출하고 아래 내용을 실행한다.

㉠ 공작물 설치 및 공작물 좌표계 설정

㉡ [도안]-[스케일링]으로 공구 경로 및 프로그램 이상유무를 확인한다.

⑧ 상기 사항이 실행 완료되면 6.1 자동운전실행의 (1)에서 방법과 마찬가지로 가공을 실행한다.

⑨ 가공이 완료되면 전원을 off하고 주변을 정리정돈한다.

예제 도면

Process Sheet

소속 : 　　　　　　　　　　　　　　　　　　　　　　　　　　성 명 : ________

번호	1	과제명	테이퍼축가공	
사용재료	Al Φ 60×100			
tool setting sheet				
공구명	공구 번호	절삭 속도	이송 속도	비고
황삭	T01	V=180	0.18	u=0.25 w=0.12
정삭	T03	V=200	0.09	
홈	T05	S=800	0.05	t=2.5
나사	T07	S=700		
황정삭 : G96, 홈, 나사가공 : G97 사용				

블록 번호	내 용	블록 번호	내 용

Process Sheet

소속 : 성 명 : ________

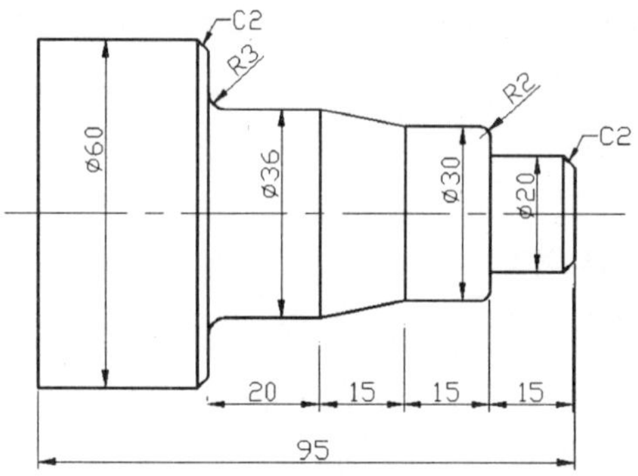

번호	2	과제명	테이퍼축가공	
사용재료	Al Ø 60×100			
tool setting sheet				
공구명	공구 번호	절삭 속도	이송 속도	비고
황삭	T01	V=180	0.18	u=0.25 w=0.12
정삭	T03	V=200	0.09	
홈	T05	S=800	0.05	t=2.5
나사	T07	S=700		
황정삭 : G96, 홈, 나사가공 : G97 사용				

블록 번호	내 용	블록 번호	내 용

Process Sheet

소속 : 성 명 : ________

번호	3	과제명	테이퍼축가공	
사용재료	Al Ø 60×100			
tool setting sheet				
공구명	공구 번호	절삭 속도	이송 속도	비고
황삭	T01	V=180	0.18	u=0.25 w=0.12
정삭	T03	V=200	0.09	
홈	T05	S=800	0.05	t=2.5
나사	T07	S=700		
황정삭 : G96, 홈, 나사가공 : G97 사용				

C2 R3 ø60 ø38 ø34 ø25 ø20 12 15 13 15 15 90

블록 번호	내 용	블록 번호	내 용

Process Sheet

소속 :　　　　　　　　　　　　　　　　　　　　성 명 : ________

번호	4	과제명	테이퍼축가공	
사용재료	Al Ø 60×100			
tool setting sheet				
공구명	공구번호	절삭속도	이송속도	비고
황삭	T01	V=180	0.18	u=0.25 w=0.12
정삭	T03	V=200	0.09	
홈	T05	S=800	0.05	t=2.5
나사	T07	S=700		
황정삭 : G96, 홈, 나사가공 : G97 사용				

C2
R5
C1.5
ø58
ø52
ø44
ø29
ø24
15 10 17 17 15
97

블록번호	내 용	블록번호	내 용

Process Sheet

소속 :　　　　　　　　　　　　　　　　성 명 : ________

번호	5	과제명	나사축가공	
사용재료	Al Φ 60×100			
tool setting sheet				
공구명	공구 번호	절삭 속도	이송 속도	비고
황삭	T01	V=180	0.18	u=0.25 w=0.12
정삭	T03	V=200	0.09	
홈	T05	S=800	0.05	t=2.5
나사	T07	S=700		
황정삭 : G96, 홈, 나사가공 : G97 사용				

블록 번호	내 용	블록 번호	내 용

Process Sheet

소속 :　　　　　　　　　　　　　　　　　　　　　　　　　　성 명 : ________

번호	6	과제명	나사축가공	
사용재료	Al Φ 60×100			
tool setting sheet				
공구명	공구 번호	절삭 속도	이송 속도	비고
황삭	T01	V=180	0.18	u=0.25 w=0.12
정삭	T03	V=200	0.09	
홈	T05	S=800	0.05	t=2.5
나사	T07	S=700		
황, 정삭 : G96, 홈, 나사가공 : G97 사용				

R2, R3, ⌀25, M30×P1.5, C2, ⌀58, ⌀42, ⌀34, 15, 20, 25, 90

블록 번호	내 용	블록 번호	내 용

Process Sheet

소속 : 성 명 : ________

번호	7	과제명	나사축가공	
사용재료	Al Ø 60×100			
tool setting sheet				
공구명	공구 번호	절삭 속도	이송 속도	비고
황삭	T01	V=180	0.18	u=0.25 w=0.12
정삭	T03	V=200	0.09	
홈	T05	S=800	0.05	t=2.5
나사	T07	S=700		
황정삭 : G96, 홈, 나사가공 : G97 사용				

블록 번호	내 용	블록 번호	내 용

Process Sheet

소속 :　　　　　　　　　　　　　　　　　　　　　　성 명 : ________

번호	8	과제명	나사테이퍼축	
사용재료	Al Ø 60×100			
tool setting sheet				
공구명	공구 번호	절삭 속도	이송 속도	비고
황삭	T01	V=180	0.18	u=0.25 w=0.12
정삭	T03	V=200	0.09	
홈	T05	S=800	0.05	t=2.5
나사	T07	S=700		
황정삭 : G96, 홈, 나사가공 : G97 사용				

블록 번호	내 용	블록 번호	내 용

Process Sheet

소속 : 성 명 : ________

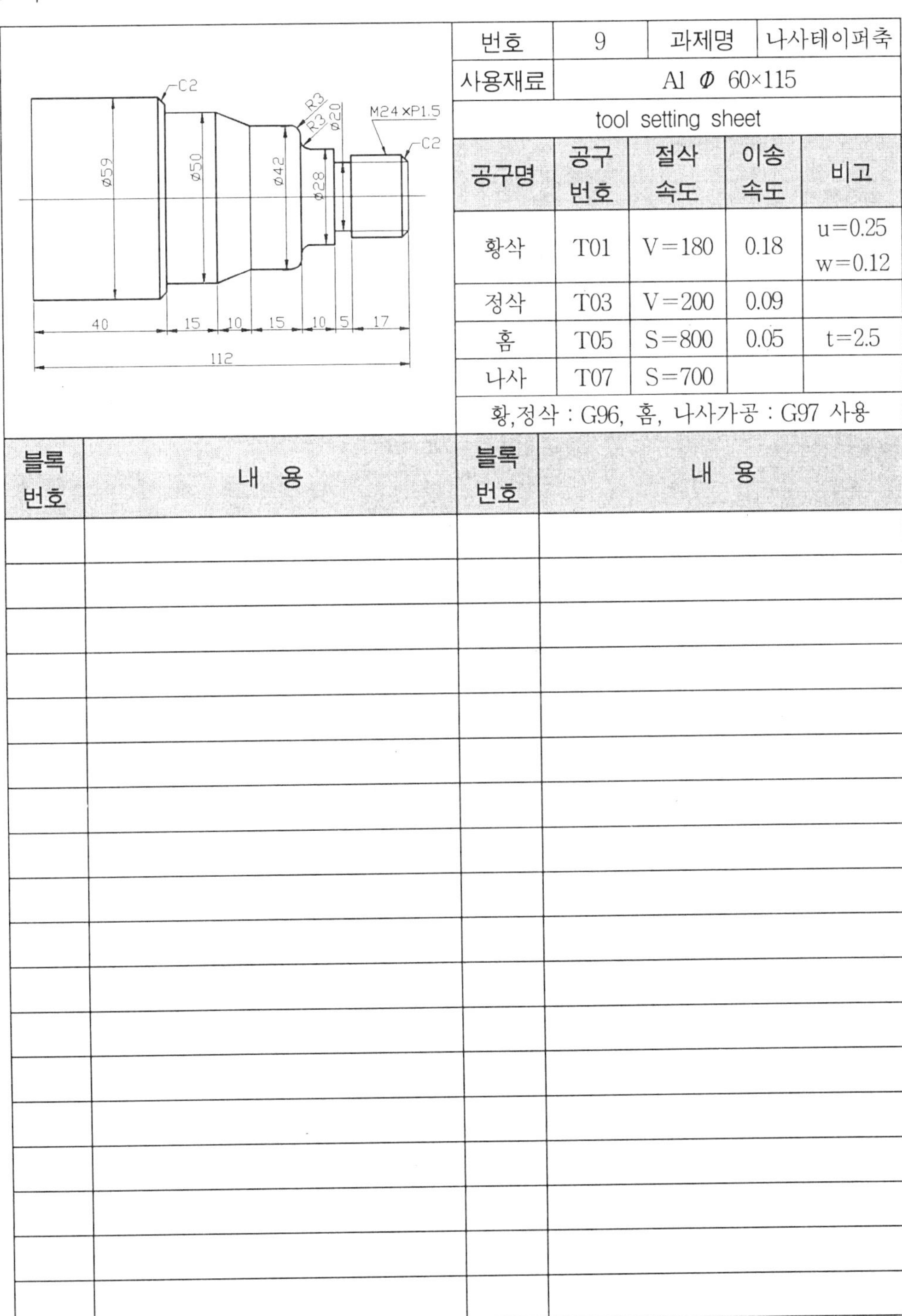

번호	9	과제명	나사테이퍼축
사용재료	Al Φ 60×115		

tool setting sheet

공구명	공구 번호	절삭 속도	이송 속도	비고
황삭	T01	V=180	0.18	u=0.25 w=0.12
정삭	T03	V=200	0.09	
홈	T05	S=800	0.05	t=2.5
나사	T07	S=700		

황,정삭 : G96, 홈, 나사가공 : G97 사용

블록 번호	내 용	블록 번호	내 용

Process Sheet

소속 : 　　　　　　　　　　　　　　　　성 명 : __________

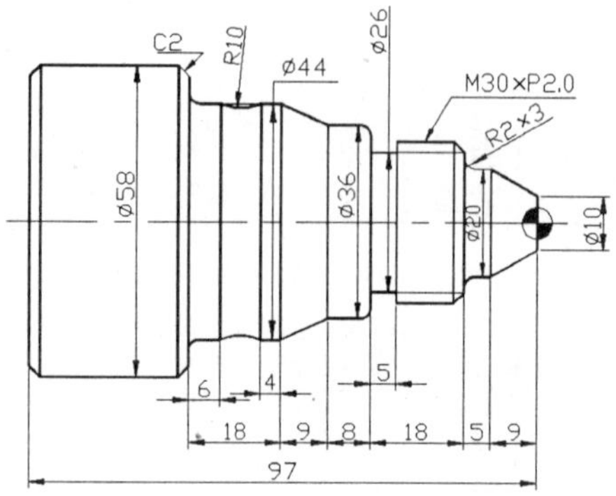

번호	10	과제명	윤곽가공	
사용재료	Al Φ 60×100			
tool setting sheet				
공구명	공구 번호	절삭 속도	이송 속도	비고
황삭	T01	V=180	0.18	u=0.25 w=0.12
정삭	T03	V=200	0.09	
홈	T05	S=800	0.05	t=2.5
나사	T07	S=700		
황, 정삭 : G96, 홈, 나사가공 : G97 사용				

블록 번호	내 용	블록 번호	내 용

Process Sheet

소속 : 성 명 : ________

번호	11	과제명	윤곽가공	
사용재료	Al Ø 60×100			
tool setting sheet				
공구명	공구 번호	절삭 속도	이송 속도	비고
황삭	T01	V=180	0.18	u=0.25 w=0.12
정삭	T03	V=200	0.09	
홈	T05	S=800	0.05	t=2.5
나사	T07	S=700		
황정삭 : G96, 홈, 나사가공 : G97 사용				

블록 번호	내 용	블록 번호	내 용

Process Sheet

소속 : 　　　　　　　　　　　　　　　　　　　성 명 : ________

번호	12	과제명	윤곽가공	
사용재료	Al Φ 60×100			
tool setting sheet				
공구명	공구번호	절삭속도	이송속도	비고
황삭	T01	V=180	0.18	u=0.25 w=0.12
정삭	T03	V=200	0.09	
홈	T05	S=800	0.05	t=2.5
나사	T07	S=700		
황, 정삭 : G96, 홈, 나사가공 : G97 사용				

블록번호	내 용	블록번호	내 용

Process Sheet

소속 : 성 명 : ________

번호	13	과제명	윤곽가공	
사용재료	Al Ø 60×100			
tool setting sheet				
공구명	공구 번호	절삭 속도	이송 속도	비고
황삭	T01	V=180	0.18	u=0.25 w=0.12
정삭	T03	V=200	0.09	
홈	T05	S=800	0.05	t=2.5
나사	T07	S=700		
황정삭 : G96, 홈, 나사가공 : G97 사용				

블록 번호	내 용	블록 번호	내 용

Process Sheet

소속 : 성 명 : __________

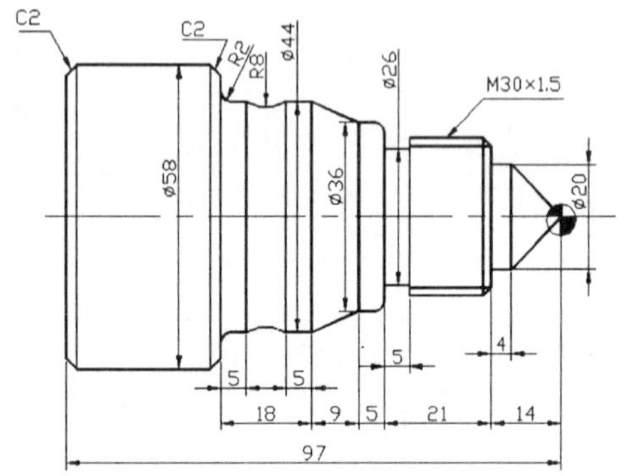

번호	14	과제명	윤곽가공	
사용재료	Al Ø 60×100			
tool setting sheet				
공구명	공구 번호	절삭 속도	이송 속도	비고
황삭	T01	V=180	0.18	u=0.25 w=0.12
정삭	T03	V=200	0.09	
홈	T05	S=800	0.05	t=2.5
나사	T07	S=700		
황정삭 : G96, 홈, 나사가공 : G97 사용				

블록 번호	내 용	블록 번호	내 용

Process Sheet

소속 :　　　　　　　　　　　　　　　　　　성 명 : ________

번호	15	과제명	윤곽가공	
사용재료	Al Ø 60×100			
tool setting sheet				
공구명	공구 번호	절삭 속도	이송 속도	비고
황삭	T01	V=180	0.18	u=0.25 w=0.12
정삭	T03	V=200	0.09	
홈	T05	S=800	0.05	t=2.5
나사	T07	S=700		
황, 정삭 : G96, 홈, 나사가공 : G97 사용				

블록 번호	내 용	블록 번호	내 용

Process Sheet

소속 : 성 명 : ________

번호	16	과제명	윤곽가공	
사용재료	Al Ø 60×100			
tool setting sheet				
공구명	공구 번호	절삭 속도	이송 속도	비고
황삭	T01	V=180	0.18	u=0.25 w=0.12
정삭	T03	V=200	0.09	
홈	T05	S=800	0.05	t=2.5
나사	T07	S=700		
황, 정삭 : G96, 홈, 나사가공 : G97 사용				

블록 번호	내 용	블록 번호	내 용

Process Sheet

소속 :　　　　　　　　　　　　　　　　　　　　　　　　　성 명 : ________

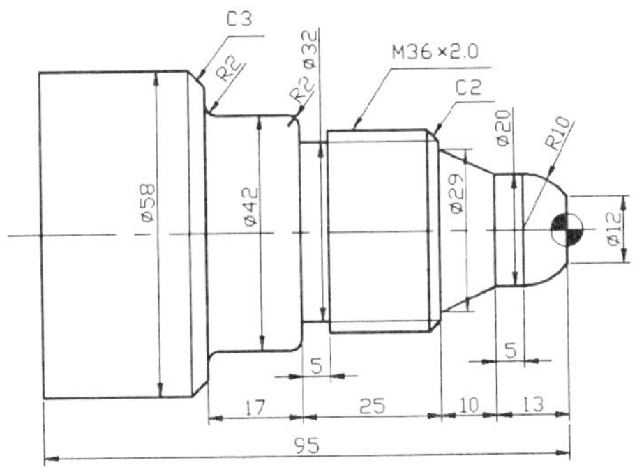

번호	17	과제명	윤곽가공	
사용재료	Al Ø 60×100			
tool setting sheet				
공구명	공구번호	절삭속도	이송속도	비고
황삭	T01	V=180	0.18	u=0.25 w=0.12
정삭	T03	V=200	0.09	
홈	T05	S=800	0.05	t=2.5
나사	T07	S=700		
황, 정삭 : G96, 홈, 나사가공 : G97 사용				

블록번호	내　　　용	블록번호	내　　　용

Process Sheet

소속 :

성 명 : ________

번호	18	과제명	윤곽가공	
사용재료	Al Ø 60×100			
tool setting sheet				
공구명	공구 번호	절삭 속도	이송 속도	비고
황삭	T01	V=180	0.18	u=0.25 w=0.12
정삭	T03	V=200	0.09	
홈	T05	S=800	0.05	t=2.5
나사	T07	S=700		
황, 정삭 : G96, 홈, 나사가공 : G97 사용				

C3, C2, R2, Ø36, R1, M42×2.0, C2, R10, Ø58, Ø46, Ø30, Ø20, 5, 10, 20, 8, 12, 17, 97

블록 번호	내 용	블록 번호	내 용

Process Sheet

소속 : 　　　　　　　　　　　　　　　　　　　　성 명 : ________

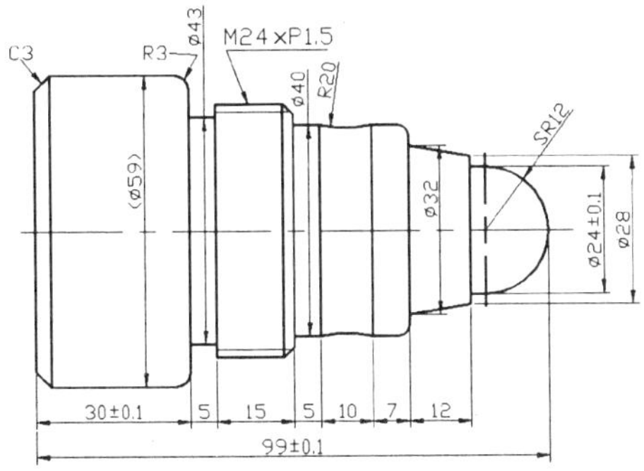

번호	19	과제명	윤곽가공	
사용재료	Al Ø 60×100			
tool setting sheet				
공구명	공구 번호	절삭 속도	이송 속도	비고
황삭	T01	V=180	0.18	u=0.25 w=0.12
정삭	T03	V=200	0.09	
홈	T05	S=800	0.05	t=2.5
나사	T07	S=700		
황, 정삭 : G96, 홈, 나사가공 : G97 사용				

블록 번호	내 용	블록 번호	내 용

Process Sheet

소속 : 성 명 : __________

표시되지않은 C와 R은 "2"

M36×P1.5 ø32 ø20 R5 R3 R5 ø58 ø48 ø43 ø27

33±0.1 10 9 4 19 4 8 10

97

번호	20	과제명	윤곽가공	
사용재료	Al Ø 60×100			
tool setting sheet				
공구명	공구 번호	절삭 속도	이송 속도	비고
황삭	T01	V=180	0.18	u=0.25 w=0.12
정삭	T03	V=200	0.09	
홈	T05	S=800	0.05	t=2.5
나사	T07	S=700		
황, 정삭 : G96, 홈, 나사가공 : G97 사용				

블록 번호	내 용	블록 번호	내 용

제 8 장 이상상태 점검 및 수리

(1) 공구가 과도하게 이송하여 과이송에러(over travel)가 발생시

① 조작반의 [해제]를 눌러 알람을 해제시킨다.

② [O/T Release]키를 누른 상태에서 [핸들운전]으로 공구를 이동시킨다.

(2) 척에 공작물이 고정되어도 척킹에 불이 안들어 올때(척킹이 안 될 때)

내경바이트를 설치하여 척 조를 약간 더 깎아낸다.

① 내경바이트를 설치하고 바이트를 Turet Index를 사용하여 절삭위치로 한다.

② [수동운전]-[MDI]-[편집]-[리스트]화면에서 회전수를 입력한다.
(S400.M03을 입력)

③ [척킹]에 불이 들어오도록 조를 조인 상태로 한다.

④ [EXIT]-[상태표시]에서 [CYCLE START]로 척을 회전시킨다.

⑤ [EXIT]-[핸들]에서 각 축을 이동하여 조 내경에 접촉시킨 후 Z-방향으로 절삭한다.
(이때 피드오버라이드 및 스핀들오버라이드를 조정하며 실행할 것.)

⑥ 1차 가공 후 Z+방향으로 바이트를 후퇴 시킨 후 [변환]+[피드홀드]를 눌러 주축을 정지시킨다.

⑦ 공작물을 물려 척킹에 불이 들어오는지 확인한다.

⑧ 공작물 고정이 안 될 경우 척킹이 될 때까지 위의 ②~⑦을 반복 실행한다.

〔CNC선반 보수〕

① 기종 : TSL-6(S), TSL-8(S)

② 알람번호 : 1001

③ 알람내용 : SPINDLE ALARM A0.2

④ 원 인

㉠ 스핀들 유닛에 과부하 발생

㉡ 입력 전류의 이상

㉢ 스핀들 유닛 파손

⑤ 조치 순서 및 방법

㉠ 해제 버튼을 누른다.

㉡ 조작판의 전원 스위치를 차단하고 다시 전원을 투입한다.

㉢ 장비 뒤쪽의 메인 전원을 차단하고 다시 메인 전원을 투입한다.

㉣ 위 ㉠, ㉡, ㉢항의 조치로 알람이 해제 안된 경우는 전장박스 안에 있는 스핀들 유닛의 알람 번호를 메모하여 기계메이커에 A/S 요청한다.

제 2 편

TNV-40A를 기준으로 한

머시닝 센터 실기

제 1 장 NC의 개요

1.1 NC의 정의

(1) NC(수치제어 : Numerical Control)

부호와 수치로써 구성된 수치정보로 기계의 운전을 자동제어하는 것을 의미한다. 즉 사람이 이해할 수 있게 작성된 설계나 도면을 기계가 받아들일 수 있는 고유의 언어로 정보화하고 이를 수치제어장치에 입력시켜 입력된 정보대로 기계를 자동제어하는 것을 말한다.

(2) CNC(컴퓨터 수치제어 : Computerized Numerical Control)

Computer를 내장한 NC로 정보화, 전문화에 따른 다품종 소량생산 체제가 요구되고 원가절감 및 생산성 향상으로 경쟁력을 갖추기 위해 사용한다.

1.2 NC의 역사

미국의 파슨스라는 사람이 헬리콥터의 날개를 측정하기 위하여 펄스를 이용한 기구를 연구하면서 시작한다.

(1) NC의 역사

· 미국 : 1947(파슨스) 1949(MIT공대) 1952(NC밀링 개발) 1958(M/C 탄생)

· 일본 : 1957(NC선반) 1961(M/C개발)
· 한국 : 1976(KIST, NC개발) 1977(화천, NC선반) 1981(통일, M/C개발)

(2) NC 공작기계의 발달 과정

① 제1단계 NC : 공작기계 1대에 NC공작기계 1대 붙어 있는 것.
② 제2단계 CNC : 머시닝 센터
③ 제3단계 DNC : 여러대의 CNC공작기계를 한 대의 컴퓨터에 연결시켜 제어하는 system으로 작업성 및 생산성을 개선함과 동시에 그것을 조합하여 군으로 제어 관리하는 것.
④ 제4단계 FMS(유연생산시스템) : CNC공작기계, 산업용 robot, 자동 반송 system, 자동창고 등을 총괄하는 중앙 컴퓨터로 소재의 투입에서부터 가공, 조립, 출고까지 관리하는 생산 system으로 공장 전체를 무인화하여 효율적인 생산관리 system

1.3 NC 공작기계의 개요

(1) NC 공작기계의 장점

수동핸들 대신 서보 모터를 구동시켜 2축, 3축을 동시에 제어하여 복잡한 형상도 정밀하게 단시간에 가공할 수 있다.

① 제품의 품질 향상(정밀도 향상, 균일성 향상, 불량률 감소)
② 생산능률 증대(다품종 소량 생산)
③ 제조원가 및 인건비 절감(성력화, 검사의 생략, 가공소요시간 단축)
④ 가공성 증대(복잡한 형상 가공 용이)
⑤ 공구관리비 절감(지그 불필요)
⑥ 작업자는 숙련자일 필요가 없다.

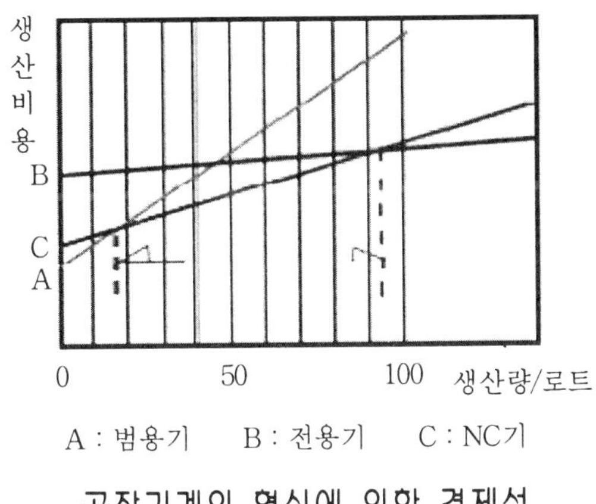

공작기계의 형식에 의한 경제성

(2) NC 공작기계의 정보처리 과정

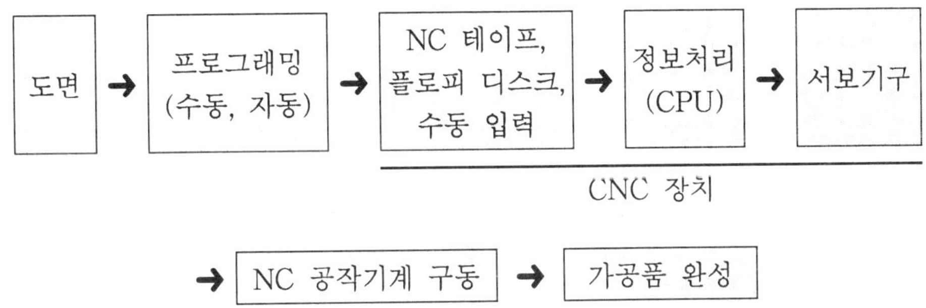

(3) NC 공작기계의 구성

정보처리회로 (두뇌) —지령 / 전기적 신호→ 서보기구 (손, 발) —동작→ 기계

(가) 서보기구

인간의 손, 발에 해당하는 것으로 사람의 두뇌에 해당하는 정보처리회로로 부터 보내진 명령에 의해 공작기계의 table 등을 움직이게 하는 기구로 전동부와 엔코더로 구성된다.

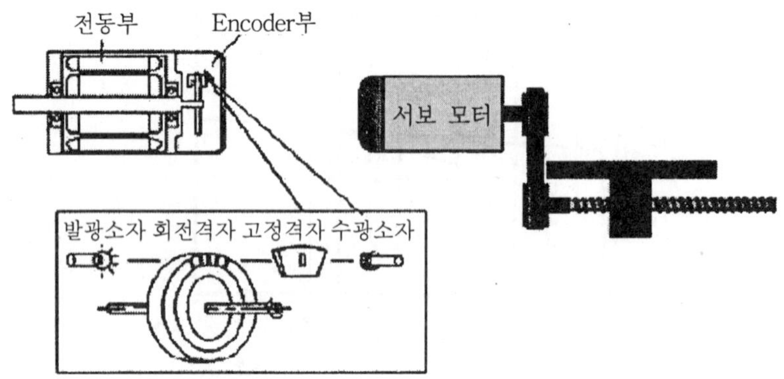

① 서보기구의 종류

㉠ 개방회로 방식(Open loop system) : 구조 간단

현재의 위치를 검출하여 비교하는 기능을 없앤 방식으로 구동모터는 스테핑 모터이나 정밀도가 낮아 거의 사용 안됨.

㉡ 반폐쇄 회로(Semi-closed loop) : 서보모터의 축이나 볼 스크루의 회전각도로 위치, 속도를 검출하며, 대부분의 CNC공작 기계에 적용(속도 검출기-타코제너레이터, 위치 검출기-엔코더)

㉢ 폐쇄 회로(Closed loop) : Table에 scale를 부착해 위치를 검출 feedback 방식으로 높은 정밀도 유지(직선형 Scale : 위치검출, 타코제너레이더 : 속도 검출)

㉣ 하이브리드(Hybrid loop) : 반폐쇄 회로 제어+폐쇄 회로 제어 방식

② 서보모터 : 속도・위치를 동시에 제어하는 모터

컴퓨터나 전용 제어기에 의해 제어되는 motor driver장치에 의하여 제어된다.

motor는 펄스단위로 움직이며 이때의 움직이는 정도가 정밀도이다.

하나의 펄스로 0.01[mm] 회전을 했다면 0.01[mm]의 정밀도를 가지게 된다.

③ 엔코더 : servo motor 회전축에서 같이 회전하며 motor의 회전량을 측정 확인하는 역할을 한다.

예를 들어 컴퓨터에서 motor축을 1[mm] 이동을 지령할 경우 한 펄스가 0.01 [mm]인 경우 motor driver는 motor에 100개의 펄스를 보내게 된다.

이때 100개의 펄스를 한꺼번에 연속해서 보내는 것이 아니고 하나의 펄스를

보내면 motor는 0.01[mm] 회전(이동)하게 되는데 이 회전을 검출하는 것이 엔코더이다.

엔코더에서 회전을 검출하여 motor driver로 보내게 되고 motor driver는 다시 한개의 펄스를 motor에 보내게 된다.

이렇게 100개의 펄스를 보내고 확인하는 것이 엔코더의 역할이다.

제 2 장 머시닝 센터의 기본

CNC 밀링에 ATC를 부착하여 여러 공정의 연속적인 작업을 자동으로 공구 교환하면서 공작물을 가공하는 차원 높은 공작기계로서 주축의 방향에 따라 수직형과 수평형이 있다.

범용밀링	CNC 밀링	머시닝 센터
수동조작으로 가공	CNC 장치 부착	CNC 장치, ATC 장치 부착

2.1 머시닝 센터의 구성

머시닝 센터는 크게 기계 및 공구가 구동되는 본체와 프로그램을 작성하고 명령을 내리는 콘트롤러로 구성된다.

① 주축대 ② 베이스와 칼럼 ③ 테이블 ④ 조작반(콘트롤러)
⑤ 서보기구 ⑥ 전기회로장치 ⑦ ATC와 APC

2.1.1 머시닝 센터의 구조

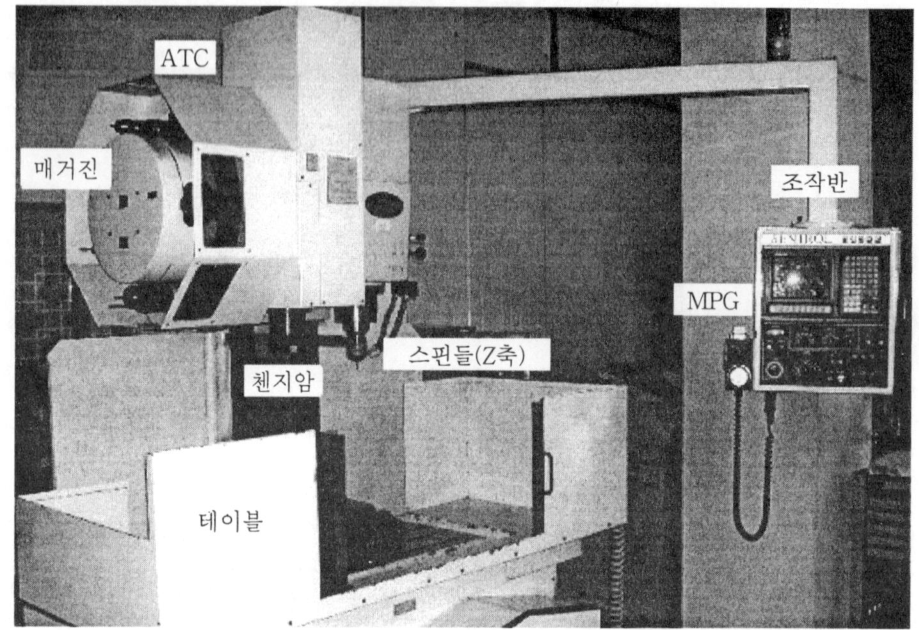

① 주축대 : 공구를 고정하고 회전력을 주는 부분으로 공압을 이용하여 공구를 고정한다.

② 베이스와 칼럼 : 주축대와 테이블을 지지하는 새들이 부착되어 있는 부분

③ 테이블 : 가공물을 고정하기 위한 바이스 및 각종 고정구를 설치하는 부분

④ 조작반 : 기계를 움직이고 프로그램을 입력 및 편집하는데 사용되는 각종 키로 구성

⑤ 서보기구 : 기계계통에서 위치 · 방향 · 자세 등 부하(負荷)의 역학적인 조건을 제어하는 기구로서 모터와 위치를 검출하여 제어회로에 피드백 할 수 있는 서보로 구성되어 있다.

* 위치 검출방식에 따라

㉠ 개방회로방식　　㉡ 반폐쇄회로방식

㉢ 폐쇄회로방식　　㉣ 혼합서보방식

⑥ 전기회로장치 : 각종 전기회로 및 강전반으로 구성

⑦ ㉠ ATC : 자동 공구교환장치(Automatic Tool Changer)로서 tool magazi

-ne changearm으로 구성된다.

㉡ APC : 자동 팔렛교환장치

2.1.2 조작반의 구성

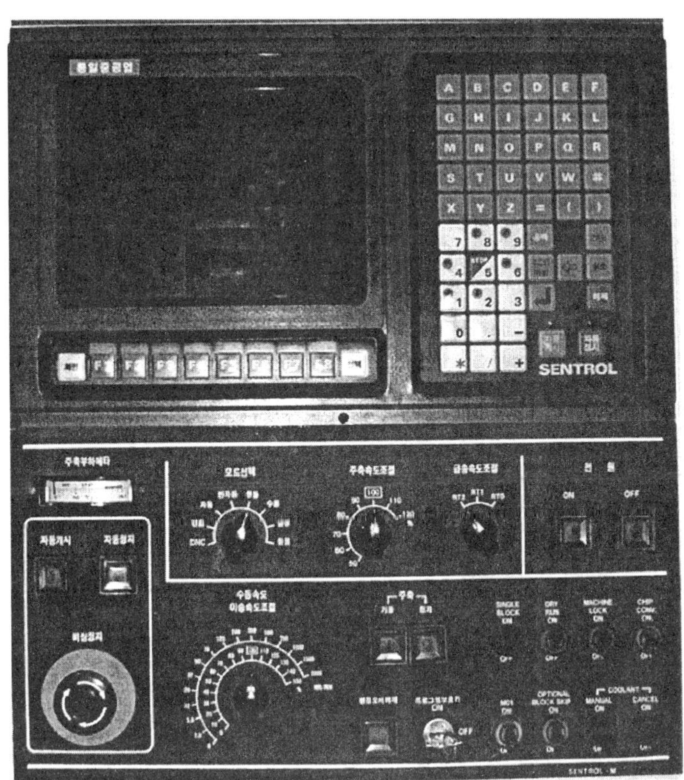

(1) CRT 화면

① function키(F1～F8) : 좌우측의 화면, 선택 Key를 누르는데 따라 각각의 기능키는 아래의 역할을 수행한다.

② 화면 Key : 위치, 이송속도, 프로그램, 보정, 설정, 진단기능을 F1～F8키에 의해 선택.

③ 선택 Key : 원점복귀, 편집, 자동운전, 수동운전, 반자동, 핸들운전 등을 F1～F8키에 의해 선택.

(2) 입력키보드부

① 마침 key : “ ; ”(EOB)를 표시하는 KEY.

② ⇦ key : Back Spase

③ 취소 key : 입력준비 Line의 Data를 전부 삭제한다.

④ 해제 key : 알람을 취소하고 NC를 Reset 상태로 한다.

⑤ 자동개시 key : 자동운전, 반자동 모드에서 자동운전을 실행한다.

⑥ 자동정지 key : 자동운전 상태에서 축 이동을 일시 정지시킨다.
(자동개시 key를 누르면 재개된다.)

(3) 스위치 판넬

(가) 모드 선택 스위치

DNC, 편집, 자동, 반자동, 핸들, 수동, 급송, 원점 등을 선택

① 편집 : 프로그램의 신규작성 및 메모리에 등록된 프로그램을 수정할 수 있다.

② 자동 : 메모리에 등록된 프로그램을 자동운전한다.

③ 반자동 : 프로그램을 작성하지 않고 기계를 동작할 수 있다.

예 공구회전, 주축회전, 간단한 절삭이송 등

④ 핸들 : MPG로도 표시하며 조작판의 핸들을 이용하여 축을 이동시킴

⑤ 급송 : 공구를 급송으로 이동시킨다.

⑥ 원점 : 공구를 기계원점으로 복귀시킨다.

(나) 싱글블록

자동개시의 작동으로 프로그램이 연속적으로 실행하지만 스위치가 ON되어 있으면 한 블록씩 실행된다.

(다) 드라이런

스위치가 ON되어 있으면 프로그램에 지령된 이송속도를 무시하고 별도의 지정된 속도로 이송할 수 있으며 프로그램 테스트를 위해 사용된다.

① 화면 key에서 "이송속도"를 선택

② "절삭속도"[F8]를 선택

③ 방향키인 [F3] 또는 [F4]를 이동시켜 드라이런 속도 설정

④ 조작판을 누른다.

⑤ DRY RUN Key를 누른다. → 수동속도, 이송속도조절 레버를 돌려 가면서 속도를 조절할 수 있다.

(라) M01

M01 스위치를 "ON"상태로 하면 프로그램에 지령된 M01을 선택적으로 실행되게 한다.

(마) 옵셔날 블록스킵

선택적으로 프로그램에 지령된 " / "에서 " ; "까지를 건너뛰게 할 수 있다.

(바) 기 타

① Coolant : 적삭유 공급 스위치로서 선택에 의해 수동으로 절삭유 공급 가능

② chip conv : 칩배출 장치

(4) MPG의 구성

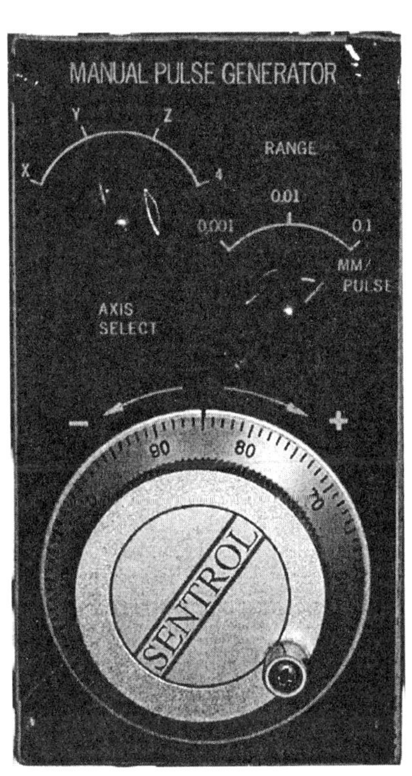

프로그래밍

3.1 프로그래밍이란?

① 사람이 이해하도록 되어 있는 도면을 CNC가 이해할 수 있는 언어. 즉, CNC 코드로 바꾸어 주는 작업

② CNC 공작기계의 프로그램 형식에 맞추어 공구의 이동경로를 작업 순서에 따라 움직이게 할 명령이를 만드는 작업

③ 파트 프로그래밍 : NC 공작기계를 이용한 가공을 하기 위해서는 부품도면의 정보를 NC 기계가 알 수 있는 NC정보로 변환시키는 일련의 과정을 말한다.

㉠ 수동 프로그램 : 도면의 좌표값, 공구의 위치등을 일일이 계산하여 프로그램하는 방법

㉡ 자동 프로그램 : 도면의 좌표값, 공구의 위치등을 컴퓨터를 이용하여 프로그램하는 방법

3.2 가공 계획

프로그램 입력전에 도면을 판독하여 NC가공을 위한 가공계획을 수립한다.

(1) 가공 범위와 사용기계 선정

① 공작물의 고정 방법과 필요한 치공구 선정

② 가공순서(공정분할, 공구 출발점, 황삭·정삭의 절입량과 공구경로)

③ 절삭공구 및 Tool Holder의 선정, 클램핑 방법의 결정

④ 절삭조건 결정(주축 회전속도, 이송속도, 절삭유의 사용 유무 등)

3.3 프로그래밍 순서

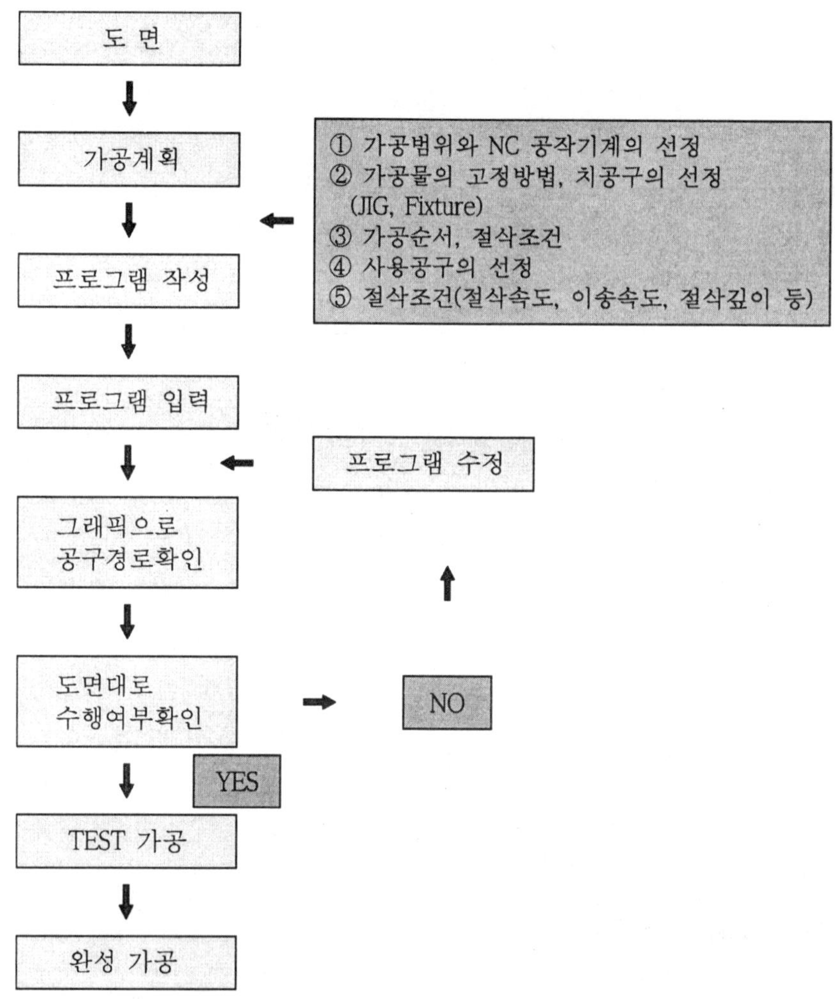

3.4 프로그래밍의 구성

3.4.1 운영시 구성

하나의 제품을 가공하기 위한 프로그램을 효율적으로 사용하기 위해 주 프로그램과 보조 프로그램으로 구성할 수 있다.

① 주 프로그램(main program) : 프로그램의 주된 부분

② 보조 프로그램(sub program)

㉠ 작업 중 고정된 순서나 자주 반복되는 유형이 있을 때 사용.

㉡ 주 프로그램의 지시에 따라 작동하며 보조 프로그램의 호출이 있으면 NC는 보조 프로그램을 수행하고, 다시 주 프로그램으로 복귀하여 작업한다.

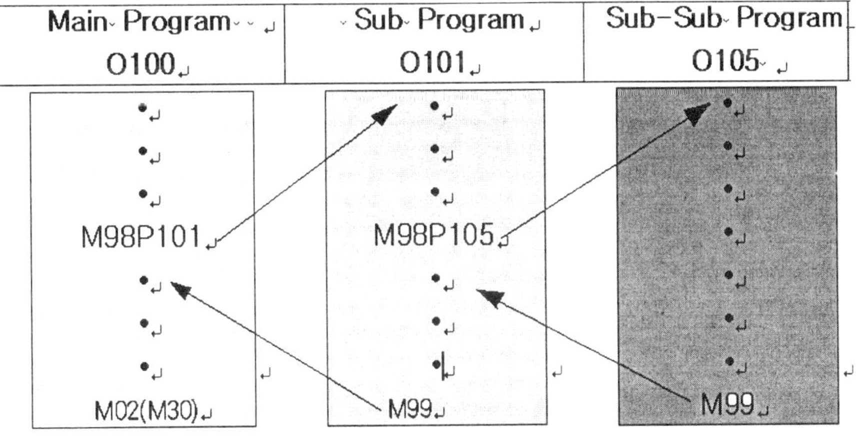

3.4.2 프로그램 작성시 구성 방법

하나의 프로그램은 조건 설정부, 가공 실행부, 조건 취소부로 구성된다.

(1) 프로그램의 조건 설정부

프로그램의 선두에 작성하며 좌표계 설정, 공구 설정, 주축속도, 보조기능, 절삭유 ON 등 가공에 필요한 조건의 설정하는 부분

[조건 설정부 예]

G40 G49 G80 ;	G40 : 공구반경 보정 취소, G49 : 공구길이 보정 취소, G80 : 고정 사이클 취소
G91 G28 X0 Y0 Z0 ;	G91 : 증분방식, G28 : 자동원점복귀(제1원점 복귀) X0 Y0 Z0 : G28수행시 경유점으로 0은 현재위치
G92 G90 X 309.89, Y 152.7, Z 342.1 ;	G92 : 공작물 좌표계 설정, G90 : 절대지령방식 ㊟ 좌표값은 프로그램 원점에서 기계 원점 상대좌표
G91 G30 Z0 ;	G30 : 제 2원점 복귀(공구교환위치로 복귀)
T01 M06 ; (T00 M06)	T01 : 1번 공구 호출, M06 : 공구 교환 (T00 M06 : 주축에 설치된 공구 1개만 사용시)
S1000 M03 ;	S1000 : 주축 1000[rpm], M03 : 주축 정회전
G90 G00 X-15. Y-20. ;	공작물 원점에서 절대 좌표 위치로 급속 이송
G43 (G00) Z100. (H01) ;	G43 : 길이보정 +, 길이보정 1번 호출 H01 : 공구 1개 사용시 생략
Z5. ;	안전높이로 급속 이송

(2) 가공 실행부

주로 공구가 이동하는 작업으로 이루어지며 위치 결정, 직선보간, 원호보간등 기타 NC기능

(3) 조건 취소부

프로그램의 뒷부분에 작성하며 이전에 사용했던 프로그램의 조건 설정들을 모두 취소한다.

[조건 취소부의 예]

G00 Z150. M08 ;	안전높이로 급속 이송, 절삭유 급유 정지
X150. Y150. ;	안전거리로 이동
M05 ;	**주축 회전 정지**
M02 ;	**프로그램 종료**

3.4.3 프로그램의 구성 요소

(1) Word의 구성

Adderss(주소)+Data(수치)로 구성

G01 Z-5. F150 ; 의 경우

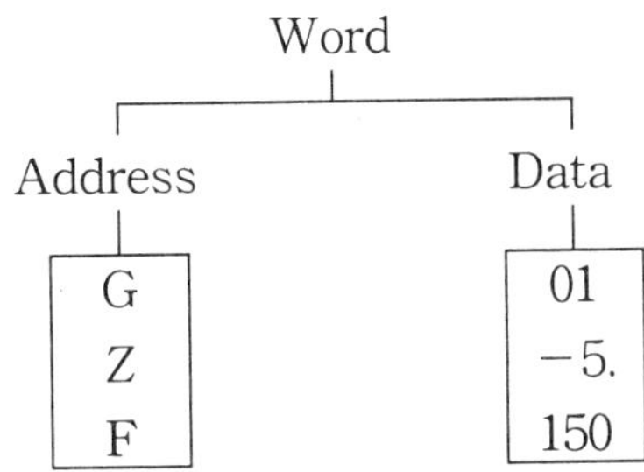

<table>
<tr><th>G</th><th>01</th><th>Z</th><th>−5.</th><th>F</th><th>150</th><th>;</th></tr>
<tr><td>Address</td><td>Data</td><td>Address</td><td>Data</td><td>Address</td><td>Data</td><td rowspan="2">EOB</td></tr>
<tr><td colspan="2">WORD</td><td colspan="2">WORD</td><td colspan="2">WORD</td></tr>
<tr><td colspan="7">BLOCK(지령절)</td></tr>
</table>

(가) Address(주소)

① 영문자 알파벳 A~Z 중 한 개로 구성.

　예 N G X Y Z F S T M A B C 등

② 반드시 소숫점을 입력해야 하는 Address : X, Y, Z, I, J, K, U, V, W, R, (F.)

소숫점을 입력해서는 안되는 Address : N, G, S, T, M, L

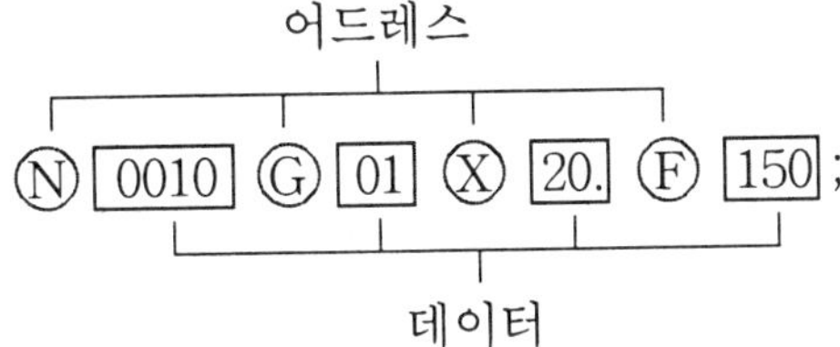

(나) Data(수치)

어드레스 종류에 따라 아라비아 숫자 1~4자리

예 G00 X123.456 S1500

[어드레스의 기능]

기 능	어드레스	의 미
프로그램 번호	O	여러개의 프로그램을 NC 메모리에 저장할 때 구별하기 위하여 서로 다른 프로그램 번호를 붙인다.
블록 번호 (전개 번호)	N	지령절의 첫머리에 주소 N과 함께 임의의 4자리 숫자 이내로 한다.(생략할 수 있다.) 예 N0093 : 블록의 전개 번호가 93
준비 기능	G	동작조건을 정의(직선, 원호) NC 지령절의 제어기능을 준비하기 위한 기능
좌표어 (지령단위는 [mm]나 [inch])	X, Y, Z	각 축의 이동 위치를 명령
	A, B, C	부가축의 이동명령
	I, J, K	원호 중심까지의 거리
	R	원호의 반경지정
이송 기능	F	이송속도(Feedrate)로서 공작물과 공구의 상대속도를 지정 보통 NC선반은 [mm/rev], 머시닝센터는 [mm/min]으로 표시
주축 기능	S	주축의 회전수를 지령하는 기능으로 주축 motor의 회전속도를 제어한다. 보통 주소 S 다음에 4자리수로 표시 예 S1500 : 1500[rpm]을 의미.
공구 기능	T	공구의 선택과 공구 교환 및 공구 보정 예 T03 : 3번 공구 지령. 즉, 공구선택번호가 3번을 의미
보조기능	M	① 기계 보조장치의 ON/OFF 기능 : M03, M04, M05, M06, M08, M09 등 ② 프로그램을 제어기능 : M00, M02, M30, M98, M99 등
휴지 시간	P, X	휴지시간 지정
프로그램 번호 지정	P	보조 프로그램 호출
전개 번호	P, Q, R	고정사이클의 파라메터
반복 횟수	L	프로그램 반복 횟수 지정
EOB	;	블록의 끝

(2) BLOCK(지령절)

① 기계가 하나의 동작을 하는데 필요한 정보를 포함하며 몇 개의 단어(Word)로 구성된다.

② 블록의 종료는 EOB(;)로 구분한다.

③ 한 블록에서 워드 개수 무제한.(BLOCK＝Σ WORD)

④ 한 블록에서 보조기능 중 두개 이상 지령의 경우 앞 워드 무시

예 N01 G00 X10. M08 M09 ; ← M08무시

[블럭의 구성 순서]

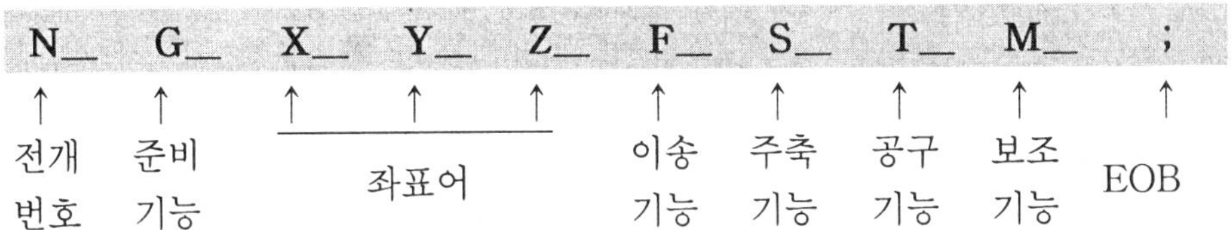

(3) 프로그램의 구성

프로그램은 몇 개의 지령절(BLOCK)로 구성된다.

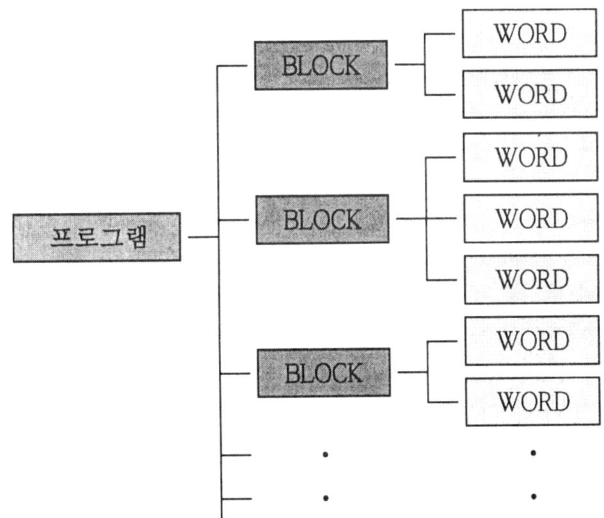

3.5 프로그램 작성 방법

가공도면을 보고 작업공정을 세운 후에는 정해진 프로그래밍 방법과 순서, CNC코드를 사용하여 프로그램을 작성해야 한다.

이와 같이 작성된 프로그램은 조작연습기에 입력후 기계의 CNC장치로 전송하는 방법과 기계에 부착된 CNC장치의 조작반에 직접 입력하는 방법이 있다.

여기에서는 조작연습기에 입력하여 전송하는 방법을 위주로 소개한다.

(1) 프로그램 작성 방법

조작연습기에서는 다음과 같은 방법으로 프로그램을 입력하며 입력된 프로그램은 출력기능으로 머시닝센터로 전송하여 사용할 수 있다.

조작연습기의 각종키의 기능은 2장 조작반의 기능을 참조.

(가) 신규 프로그램 작성

① 조작판의 [전원]을 누르면 "system check"의 자막이 점멸하며 초기화면이 나타남.

② function key [F6]로 머시닝센터를 선택
이때 "0724 emergency button on" 알람이 발생하면 비상정지버튼을 돌려 알람을 해제함.

③ 신규작성이나 P/G을 수정하기 위해서는 pro, protect key을 on시킴.
[조작판]key를 누르고 [F8] key를 한번 눌러서 □ pro, protect상태에서 ■ pro, protecr 상태로 바꾼다.

④ [선택]키를 누른 후 → [편집](F4) → [☞](F8) → [일람표](F1)를 선택한다.

⑤ [신규작성](F1)버튼을 선택하면 신규 작성프로그램 입력화면이 나타난다.
프로그램 입력화면에서 먼저 P/G 번호와 프로그램명을 입력한후 프로그램을 입력한다.

㉠ 신규작성시 프로그램 번호의 입력 : 프로그램 첫블록에 영문자 "O" 다음에

4자리의 숫자(0001~9999)를 붙여 입력한다.

예 O □□□□
↑ ↑
주소 프로그램 번호(데이터)

㉡ 프로그램명 입력 : 프로그램에 명을 붙이고자 할때는 번호입력 후에 [( ] ⟶ 제목입력 후 [ )], ⏎키를 누르면 프로그램 제목이 입력된다.

⑥ 작업순서에 따라 프로그램을 입력한다.

㉠ 각 블록의 입력후에 " ; "(EOB)는 ⏎로 입력한다.

㉡ 잘못된 내용을 수정시는 function키의 ⇑키로 해당란으로 이동 후 먼저 데이터를 입력한 후 [수정]을 누른다.

㉢ 프로그램의 앞 부분은 조건 설정부로서 다음과 같이 입력한다. 단, 좌표값은 도면과 공구위치에 따라 달라질 수 있다.

블록 번호	명령어	내 용
N01	G40 G49 G80 ;	G40 : 공구반경 보정 취소, G49 : 공구길이 보정 취소, G80 : 고정 사이클 취소
N02	G91 G28 X0 Y0 Z0 ;	G91 : 증분방식으로 현재위치를 경유점(X0, Y0, Z0)으로 인식 G28 : 자동원점복귀(제1원점 복귀)
N03	G92 G90 X200. Y200. Z200. ;	G92 : 공작물 좌표계 설정, G90 : 절대지령방식 ※ 좌표값은 기계입력시 기계 원점으로부터 공작물 원점까지의 거리를 절대값으로 수정해야 한다.
N04	G91 G30 Z0 ;	G30 제 2원점 복귀(공구선택이 여러개일 경우)
N05	T01 M06 ; (T00 M06)	T01 : 1번 공구 호출, M06 공구 교환 T00 M06 : 주축에 설치되어 있는 공구 1개만 사용시
N06	S1000 M03 ;	S1000 : 주축 1000[rpm], M03 : 주축 정회전

블록 번호	명령어	내 용
N07	G90 G00 X-10. Y-10. ;	공작물 원점으로부터 X-10. Y-20.위치로 절대치로 급속이송
N08	G43 (G00) Z100. (H01) ;	G43 : 길이보정 +, 길이보정 1번 호출, H01 : 길이보정번호로서 공구 1개 사용시 생략

주 G91, G90, G91, G90 블록의 G코드를 하나라도 안 썼을 경우 충돌이 발생함.

(나) 프로그램의 편집

① 저장된 프로그램의 호출 및 수정편집은 (가)의 ④의 [일람표](F1)에서 커서를 대상 프로그램 번호에 위치 후 선택(⏎)

② 편집화면에서 작업한다.

(다) 작성된 프로그램의 확인

① 입력이 완료되면 공구경로를 확인하여 프로그램의 이상유무를 검사한다.

㉠ 편집화면에서 (F8)[☞]→(F6)[📖선두]→[도안]→[스케일링]

㉡ [신속확인]을 선택하여 공구경로를 확인한다.

㉢ 공구가 여러개일 경우 공구에 따라 각기 다른 색상으로 진행경로가 표시되며 절삭경로는 실선으로, 급속이송경로는 점선으로 나타난다.

② 프로그램에 이상이 있으면 ALARM이 발생하고 이를 편집화면에서 수정한다.

* ALARM이 발생시 수정(예 알람내용 : O123 offset C interference)

㉠ function키에서 [복귀]-키보드의 [해제] 선택

㉡ function키 [프로그램]을 선택하면 이상이 있는 블록에 커서가 위치한다.

㉢ 이상이 있는 부분은 [편집] 화면에서 수정한다.

3.6 준비 기능(G 기능)

어드레스 G아래 2자리 수치로서 블록내의 공구 및 각 축의 동작, 프로그램 좌표계 설정 등 CNC제어장치의 기능을 동작하기 위한 기능을 의미한다.

(1) 준비기능의 구분

종 류	의 미	Group
One Shot G Code (1회 지령 코드)	명령된 블록에 한하여 G Code가 수행	"00"그룹
Modal G Code (연속 지령 코드)	동일그룹의 다른 G Code가 나올때까지 유효한 기능	"00" 이외의 그룹

주 한 블록내에서 동일그룹의 G Code는 하나만 사용할 수 있다.

[G Code의 사용방법]

지령절	그 룹	유효한 G 코드
G01 X100. F100 ;	01	G01 유효
Z-50. ;	01	〃
X150. Z100. ;	01	〃
G00 X200.	01	G00 유효
G04 X1. ;	00	이 블록에서만 G04 유효
X100. Z0. ;	01	G00 유효

(2) G Code의 종류

G Code는 "G" 다음에 "00"에서 "99" 까지의 두자리 숫자로 지정한다.

[G Code 일람표]

G Code	그룹	기 능	구분 S : standard O : option
★ G00	01	위치결정(급속 이송)	S
G01		직선보간(절삭 이송)	S
G02		원호 보간 CW(시계 방향)	S
G03		원호 보간 CCW(반시계 방향)	S
G04	00	휴지시간(DWELL)	S
G07		가상축 보간	O
G09		Exact Stop	O
G10		Data 설정	O
G11		Data 설정 모드 무시	O
★ G15	17	극좌표 지령 무시	O
G16		극좌표 지령	
★ G17	02	X-Y 평면지령	S
G18		Z-X 평면지령	
G19		Y-Z 평면지령	
G20	06	인치 지령모드	O
G21		미터 지령모드	O
G22	09	금지구역 설정 ON	S
★ G23		금지구역 설정 OFF	S
★ G25	08	주축속도 검출 OFF	O
G26		주축속도 검출 ON	O
G27	00	원점복귀 check	S
G28		자동원점복귀(제 1원점 복귀)	S
G30		제 2원점 복귀	S
G31		skip 기능	S
G33	01	나사절삭	S
G37	00	자동공구길이 측정	O

G Code	그룹	기 능	구분 S : standard O : option
★ G40	07	공구 인선 반경 보정 취소	O
G41		공구 인선 반경 왼쪽 보정	O
G42		공구 인선 반경 오른쪽 보정	O
G43	08	공구길이 보정 +	S
G44		공구길이 보정 −	S
G45	00	공구위치 보정 1배 신장	S
G46		공구위치 보정 1배 축소	S
G47		공구위치 보정 2배 신장	S
G48		공구위치 보정 2배 축소	S
★ G49	08	공구길이 보정 취소	S
★ G50	11	스켈링 무시	O
G51		스켈링	O
G52	00	로컬 좌표계 설정	O
G53		기계 좌표계 선택	O
★ G54	14	공작물 좌표계 선택 1	O
G55~G60		공작물 좌표계 선택 2~6	O
G60	00	한 방향 위치결정	O
G61	15	Exact Stop 모드	O
G62		자동 코너 오버라이드 모드	O
G63		탭핑 모드	O
★ G64		연속절삭 모드	O
G65	00	Macro 호출	O
G66	12	Macro Modal 호출	O
★ G67		Macro Modal 호출 무시	O
G68	16	좌표회전	O
★ G69		좌표회전 무시	O

G Code	그룹	기 능	구분 S : standard O : option
G73	09	고속 심공 드릴 사이클	S
G74		역 태핑 사이클(왼나사)	S
G76		정밀 보링 사이클	S
★ G80		고정 사이클 취소	S
G81		드릴/Spot 드릴 사이클	S
G82		드릴/카운터 보링 사이클	S
G83		심공 드릴 사이클	S
G84		태핑 사이클	S
G85		보링 사이클	S
G86		보링 사이클	S
G87		백보링 사이클	S
G88		보링 사이클	S
G89		보링 사이클	S
★ G90	03	절대 지령방식	S
★ G91		증분 지령방식	S
G92	00	공작물 좌표계 설정	S
G93	05	Inverse Time 이송	O
★ G94		분당 이송속도[mm/min]	S
G95		회전당 이송속도[mm/Rev]	S
G96	13	주속 일정제어[m/min]	O
★ G97		주속 일정제어 취소	S
G98	10	고정사이클 초기점 복귀	S
G99		고정사이클 R점 복귀	S

주 ① "★"은 Power ON시 유효한 초기상태의 지령이다.
② 그룹이 서로 다른 G코드는 몇 개라도 동일블록에 입력할 수 있다.
③ 동일그룹의 G코드를 같은 블록에 입력하면 뒤에 지령된 G코드가 유효하다.

3.7 좌표계의 종류

3.7.1 좌표계의 종류

(1) 기계 좌표계(기계 좌표)

기계 원점을 기준으로 정한 좌표계(기준점 : 기계 원점)

① 기계 원점 복귀를 할 때 공구가 정지한 점을 기계 원점이라고 하며 이 점을 원점으로 정한 좌표계를 기계 좌표계라 한다.
기계 좌표의 원점은 파라메타 상에서 지정한다.

② 기계 좌표계는 전원을 ON한 후 기계 원점 복귀를 함으로써 설정되며 프로그램 입력시 공작물의 프로그램 원점과 거리를 알려 줄 때에 기준이 되는 점으로 사용한다.
프로그램 입력시 기계 원점 복귀 : G28

③ 기계에 고정된 좌표계로서 제 2, 3, 4원점, 경계 구역 설정, 과행정 확인, 피치오차 보정 등의 기준이 된다. 즉 좌표치가 X, Y, Z 축의 양의 방향으로 최대로 이동한 상태에 있는 점이다.

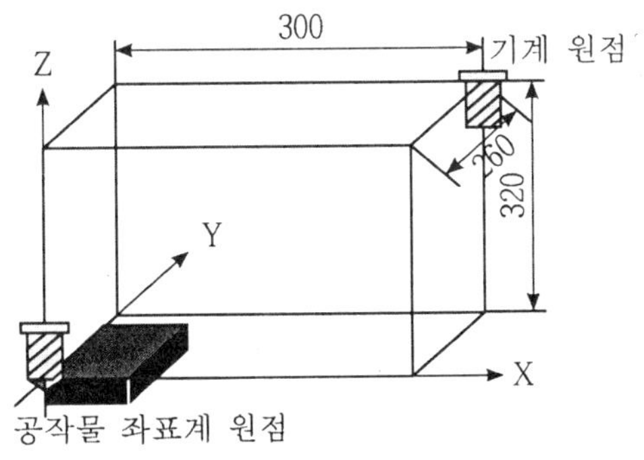

공작물 원점과 기계 원점

(2) 공작물 좌표계 : 절대 좌표계

① 절대 좌표계로 가공 프로그램을 작성하기 위해 공작물 임의의 점을 Prog

-ram 원점으로 정한 가공 기준점.(Program 좌표계 설정 : G92)

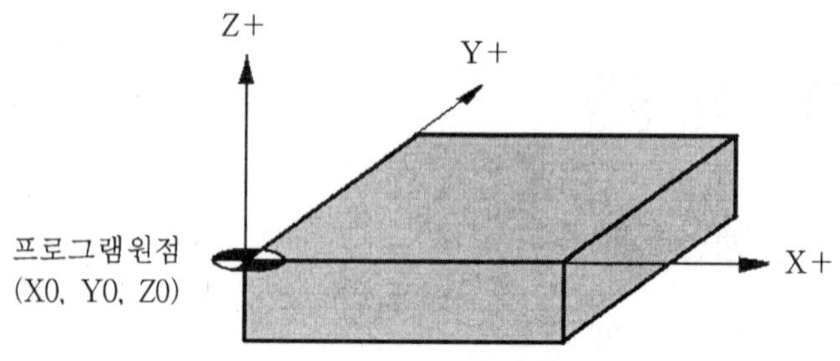

② 프로그램 작성시 절대 좌표치는 프로그램 원점(X0, Y0, Z0)을 기준으로 계산하면 된다.

③ 공작물 좌표계 설정방법은 6장(일상운전 및 조작)의 2에서 자세히 다루도록 한다.

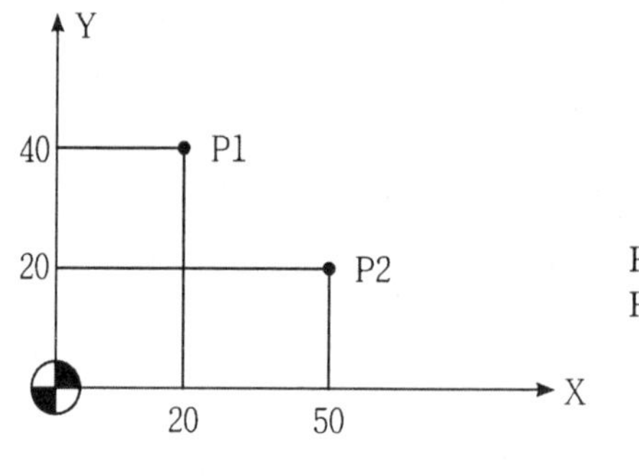

P1의 좌표치 : X20. Y40.
P2의 좌표치 : X50. Y20.

공작물 원점과 좌표치

(3) 상대 좌표계

일시적으로 좌표를 "0"(ZERO)로 설정할 때 사용하는 좌표계로서 보통 공구의 현재의 위치를 원점으로 정한다.

일감을 측정하거나 핸들에 의한 이송, 공구 보정, 좌표계 설정을 할 때에 사용한다.

(4) 잔여 좌표계

수행하고 있는 지령의 지령완료시까지 남은 거리를 나타내는 좌표계

3.8 지령 방법의 종류

(1) 절대 지령(G90)

프로그램 원점으로부터의 공구의 이동방향과 거리를 지령하는 방식

(2) 증분 지령(G91)

공구의 이동시작점에서 종점까지의 이동방향과 거리를 지령하는 것.

지 령 방 법		지령 예
절대지령	프로그램 원점에서 ±방향을 결정한 후 이동하고자 하는 위치의 좌표 지정	G90 G00 X20. Y15. Z30.8 ;
증분지령	공구의 현재 위치로부터 도달점 까지의 ±방향과 거리	G91 G00 X20. Y15. Z30.8 ;

[지령의 사용예]

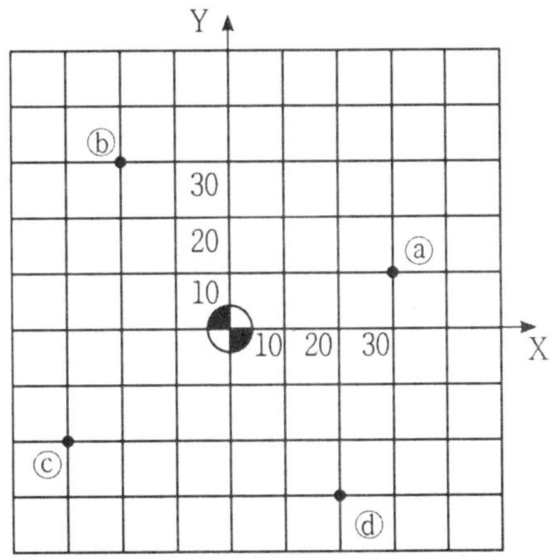

이동경로	절대지령	증분지령
원점→ ⓐ	G00 G90 X30. Y10. ;	G00 G91 X30. Y10. ;
ⓐ → ⓑ	G00 G90 X-20. Y30. ;	G00 G91 X-50. Y20. ;
ⓑ → ⓒ	G00 G90 X-30. Y-20. ;	G00 G91 X-10. Y-50. ;
ⓒ → ⓓ	G00 G90 X20. Y-30. ;	G00 G91 X50. Y-10. ;

3.9 이송기능(보간기능)

3.9.1 위치보간(급속위치결정 : G00)

임의의 위치로 공구를 급속으로 이동한다.

① 기계 제작시 입력된 기계의 최고속도[m/min]로 이동한다.

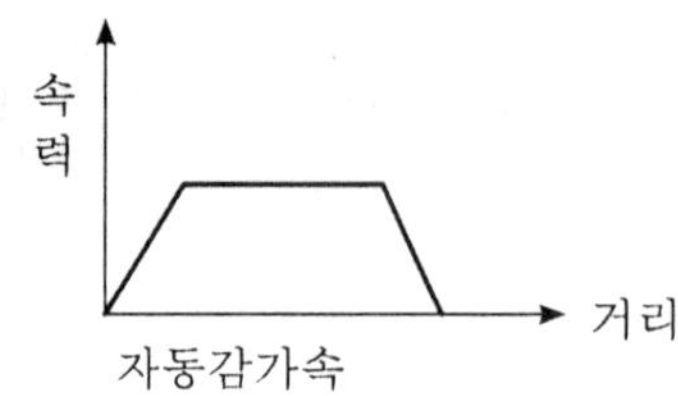

② 절삭가공에 사용하면 위험하므로 다음과 같은 비가공시에만 사용한다.

㉠ 공구가 공작물을 가공하기 위해 공작물에 접근할 때

㉡ 일차적인 가공 후 다음 가공을 위해 이동할 때

㉢ 가공이 끝나고 공구를 교환하기 위해 시작점으로 되돌아 갈 때

㉣ 가공이 완전히 종료된 후 안전위치로 이동할 때

```
G00  X_  Y_  Z_ ;
```

③ A에서 B점으로 급속이동할 때의 지령방법

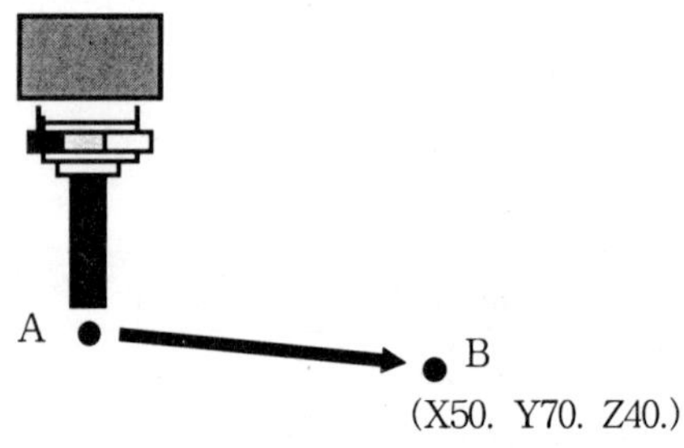

G00 G90 X50. Y70. Z40. ; (G90은 모달지령으로 생략 가능.)

3.9.2 직선보간(G01 : 직선절삭 이송)

실제 직선가공을 하는 이송지령으로 공구를 F코드에 의한 이송 속도로 현재위치에서 X, Y, Z 만큼 떨어진 지령위치로 직선 절삭 이송

G01 G90(G91) X_ Y_ Z_ F_ ;

① A에서 B점으로 직선보간할 때의 지령방법

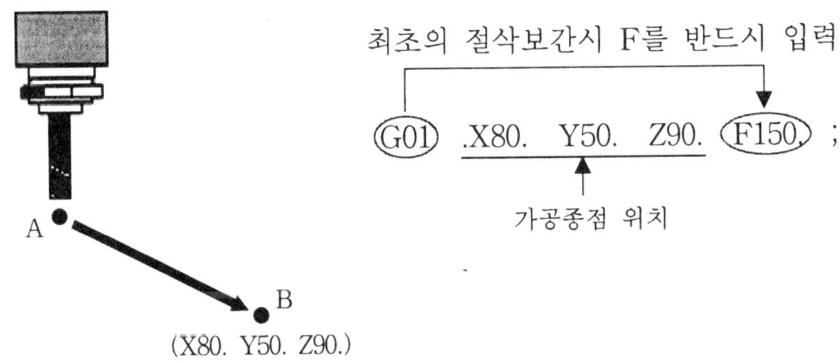

3.9.3 원호보간(G02, G03) : 윤곽제어

① 공구의 이동시작점에서 끝점까지 반경 R크기로 원호가공하는 기능.

② 가공방향은 공구의 진행 방향대로 결정한다.

G02 : 시계방향 원호가공(CW : Clock Wise)

G03 : 반시계방향 원호가공(CCW : Counter Clock Wise)

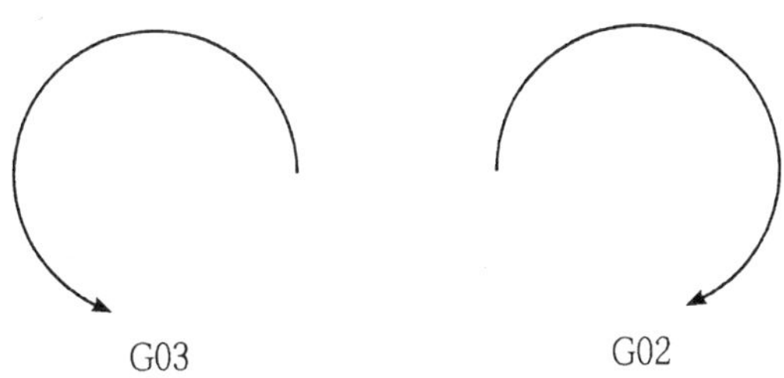

③ 지령방법(XY평면의 경우)

G02	(G90)	X_ Y_	R_ F_ ;
G03	(G91)		I_ J_ F_ ;

X, Y, Z : 원호의 종점좌표, R : 원호 반지름, F : 이송 속도[mm/min]

I, J, K : 원호의 시작점으로부터 중심을 향한 X, Y, Z축의 벡터성분

㉠ R로 지정하는 방법 : 원호 반지름으로 나타내며 원호의 중심각이 180° 이하일 때는 R+로, 180°보다 크면 R−로 함.

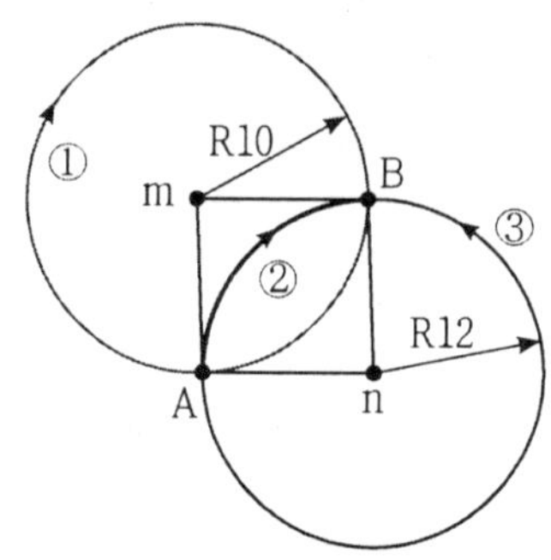

시작점	경 로	명령어	원호각도
A	①	G02 B점 좌표 R-10. ;	($\phi > 180^\circ$)
A	②	G02 B점 좌표 R12. ;	($\phi \leq 180^\circ$)
A	③	G03 B점 좌표 R-12. ;	($\phi > 180^\circ$)

㉡ I, J, K로 지정하는 방법

· 원호의 시작점에서 중심까지의 증분값으로서 I : X축 성분, J : Y축 성분, K : Z축 성분을 나타낸다.(I0, J0, K0은 생략 가능)

· 360° 원호 가공시에는 반경(R)를 대신하여 I, J, K를 사용한다.

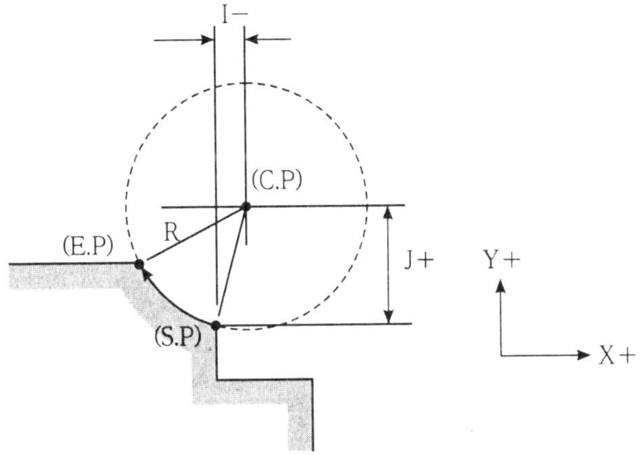

예 1 ϕ20, 깊이가 25[mm]인 구멍에서 ϕ30, 깊이가 20[mm]인 360° 구멍 원호를 가공하라.

· 사용공구 ϕ12, 2날 엔드밀, 현재 공구위치 X0 Y0 Z10.

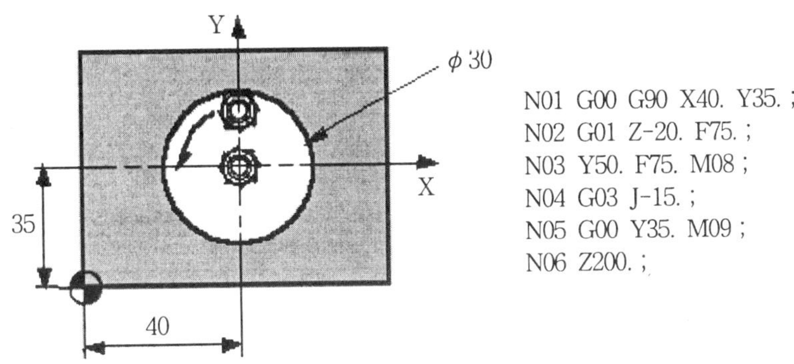

예 2 다음 원호의 경로에 따른 원호보간방법을 작성하라.

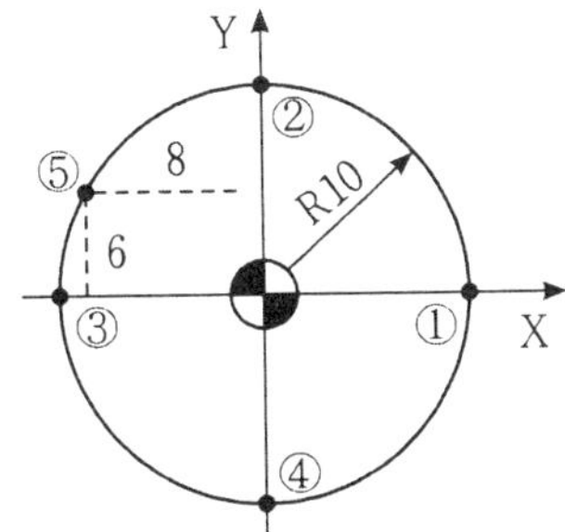

경 로	R에 의한 방법	벡터에 의한 방법
①→②	(G90)G03 X0 Y10. R10. F120. ;	G03 X0 Y10. I-10. J0. F120. ;
①→④	(G90) G02 X0 Y-10. R10. F120. ;	G02 X0 Y-10. I-10. J0 F120. ;
①→①(360° 원호)	-	G02(또는 G03) I-10. F120. ;
②→②(360° 원호)	-	G02(또는 G03) J-10. F120. ;
⑤→⑤(360° 원호)	-	G02(또는 G03) I8. J-6. F120. ;

3.9.4 일시정지(휴지시간 : G04)

프로그램에 지정된 시간 동안 공구의 이송을 잠시 정지시키는 명령

① 홈 가공이나 드릴 작업 등에서 간헐 이송에 의해 칩을 절단하거나
② 홈가공에서 회전당 이송으로 생기는 단차를 제거하고
③ 표면 거칠기를 깨끗이 하기 위해 정해진 시간 동안 이송을 정지시킬 때
④ 모서리를 정밀 가공할 때 사용하는 기능

정지시간(초)=60/rpm×회전수(절삭 중 정지 시간 동안 주축이 회전한 수)

지령형식 : G04 X(P) _ ;

X : 초 단위를 기본설정으로 소숫점 이하 3자리 까지 설정가능
P : 1/1000초 단위를 기본설정으로 소숫점을 사용할 수 없다.

예 1.5초간 정지 후 다음 블록을 실행하고자 할 때
① G04 X1.5 ;
② G04 P1500 ;

제4장 공구 보정

공구 보정이란 공구셋팅(Tool Setting)이라고도 하며 여러개의 공구로 실제 가공시 공구의 길이와 직경의 크기에 차이가 있으므로 이 차이량을 보정화면에 등록하고 공작물을 가공할 때 호출하여 자동으로 위치 보상을 받을 수 있게 하는 기능이다.

4.1 공구경 보정

엔드밀등 공구의 측면날로 가공하는 경우 공구의 직경 때문에 공구 중심이 프로그램과 일치하지 않는다.

이와 같이 공구반경 만큼 발생하는 편차를 쉽게 자동으로 보상하는 기능이다.

(공구경 보정은 가능하면 다음 블록에 직각인 방향으로 보정하고 무시할 때는 현재 보정이 되어 있는 축을 직각방향으로 이동시키면서 무시지령을 하는 것이 좋다.)

4.1.1 지령방법

보정방향(좌, 우측 보정)은 공작물을 기준으로 공구의 진행방향을 보았을 때 공구의 위치로 결정한다.

(1) 지령형식

X-Y평면에서 공구경 보정인 경우

G41(G00, G01) X__Y__ D__ ; **공구경 좌측 보정**(하향 절삭)
G42(G00, G01) X__ Y__D__ ; **공구경 우측 보정**(상향 절삭)
G40(G00, G01) X__ Y__ Z__ ; **공구경 보정 취소**

*. **D__** : 공구경보정번호로서 G41, 또는 G42와 항상 짝이 된다.
X, Y, Z : 보간기능에 따른 공구이동위치

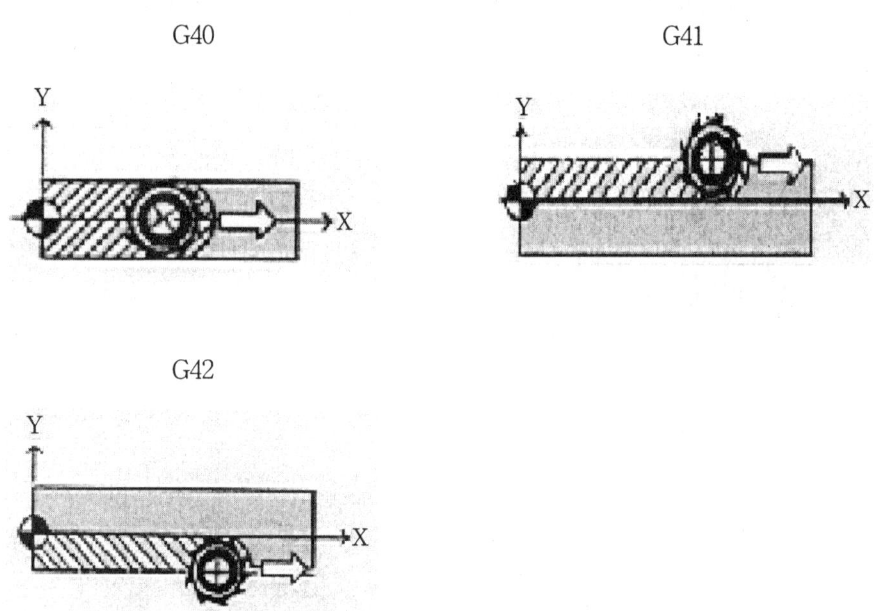

(2) 공구경 보정방법

공구경 보정이 시작되는 블록의 다음 블록 시작점에 공구는 항상 수직으로 위치하여 보정하는 것이 가장 좋다.(이동 방향에 대하여 직각)

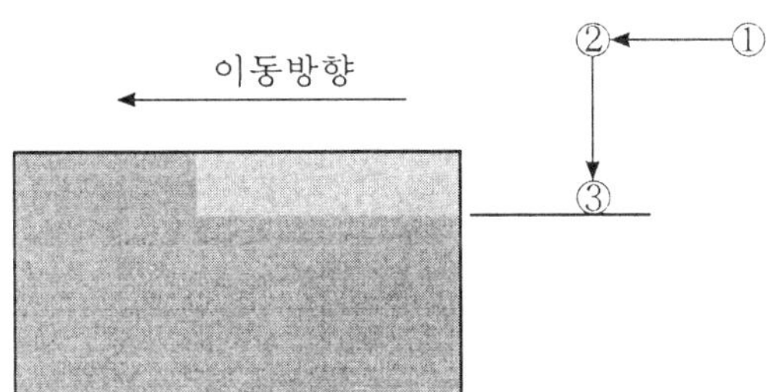

①→②: 보정이 이루어지지 않은 상태
②→③: 공구경 보정이 이루어진 상태
이동방향에 대하여 수직으로 위치

(3) 공구경 보정의 취소

① G40을 지령함. 이 때의 이동지령도 반드시 G00 또는 G01로

② 보정번호 D00을 지령할 경우 또는 길이보정번호를 H00으로 지정될 보정량은 항상 0.000이다.

[공구경 보정과 공구경 보정 없는 프로그램 비교]

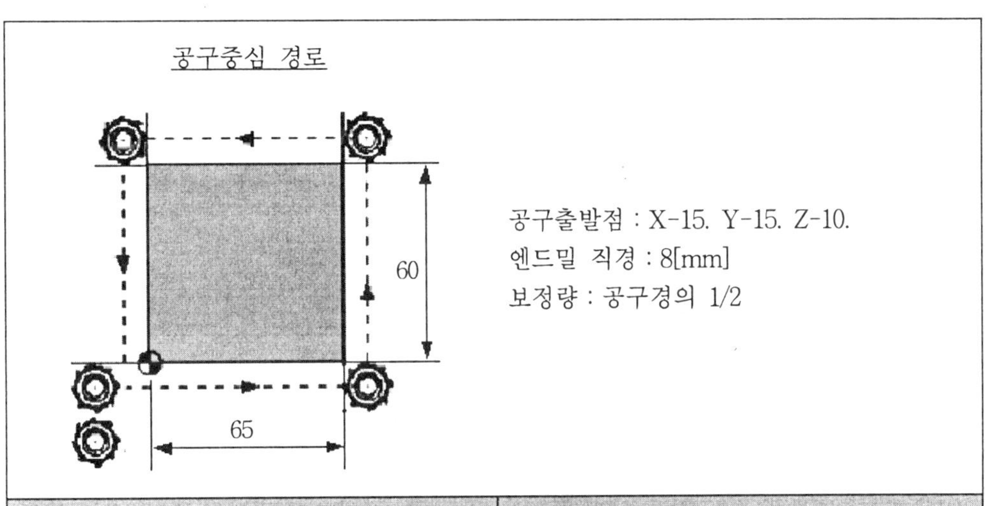

공구경 보정기능을 사용하지 않은 프로그램	공구경 보정기능을 사용한 프로그램
(G00 G90 X-15. Y-15. Z-10. ;) G01 Y-4. F120 ; →공구반경만큼 작게 이동시킨다.(8/2=4) X69. ; → X65.+4[mm] Y64. ; → Y60.+4[mm] X-4. ; → X0-4(-좌표값) Y-15. ; G00 X-15. ;	(G00 G90 X-15. Y-15. Z-10. ;) G42 G01 Y0 D01 F120 ; → 공구경 우측보정 → 공구반경값(4.000)은 보정번호 01번에 입력되어 있어야 한다. X65. ; Y60. ; X0. ; Y-15. ; G40 G00 X-15. ;

4.1.2 공구경 보정시 주의사항

① 보정실행 중 보조기능, 일시정지 등 이동이 없는 블록을 2개 이상 연속하지 않는다.

② 보정모드 중 오프셋 평면을 바꾸지 않는다.

③ 공구직경보다 작은 원호의 내측을 오프셋하면 절입 과다가 발생한다.

④ 오프셋량의 지정은 D에 의해서 지정되고 G41, G42와 동일 블록 내에서 지정됨.

⑤ D CODE는 모달(연속 유효 지령)이다.

⑥ 보정 실행과 해제시는 절삭지령에서 한다.

⑦ 원호보간(G02, G03)에서 보정지령을 하면 정상적인 원호가 되지 않는다.

⑧ Start Up 블록에서의 이동량은 공구 보정값과 같거나 커야 한다.

· Start Up 블록 : G40상태에서 공구경 보정(G41, G42)을 지령한 블록을 말하며 기본적으로 G00 또는 G01지령블록이 Start Up블록이 된다.

예 제 다음 형상을 공구경 좌측 보정하시오.

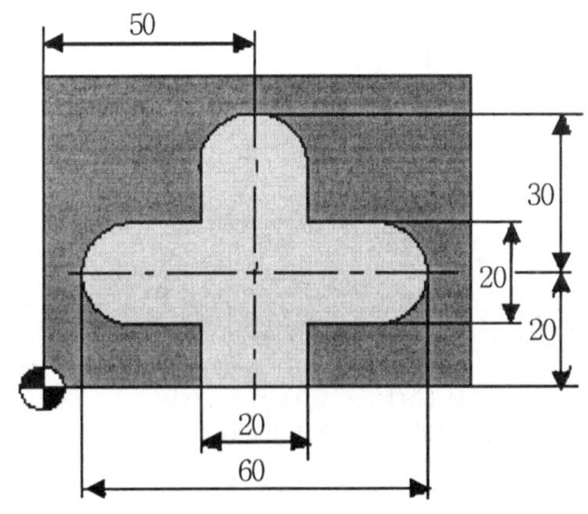

절 삭 조 건	
엔드밀 직경	ϕ16
보정번호	D01
이송속도	F200
절삭깊이	10[mm]

(G00 G90 X50. Y-15. Z-10.)

G41 G01 X60. D01 F200 ; → 공구경 좌측 보정(직각 방향으로 보정)

Y10. ;

X70. ;

```
G03 Y30. R10. ;
G01 X60. ;
Y40. ;
G03 X40. R10. ;
G01 Y30. ;
X30. ;
G03 Y10. R10. ;
G01 X40. ;
Y-15.
G40 G00 X50. ; → 이전블록의 직각 방향으로 보정 취소
```

예 제 보조 프로그램을 이용한 공구경 보정

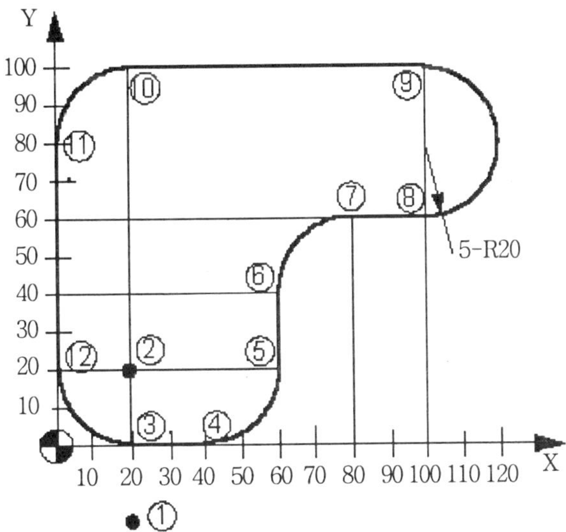

절 삭 조 건	
엔드밀 직경	ϕ16
보정번호	D01
이송속도	F200
절삭깊이	10[mm]

외측 가공	내측 가공	보조 프로그램
프로그램번호 O 1234	프로그램번호 O1235	O 8888 ; ④ G91 G01 X20. ; ⑤ G03 X20. Y20. R20. ; ⑥ G01 Y20. ; ⑦ G02 X20. Y20. R20. ; ⑧ G01 X20. ; ⑨ G03 Y40. R20. ; ⑩ G01 X-80. ⑪ G03 X-20. Y-20. R20. ; ⑫ G01 Y-60. ; ③ G03 X20. Y-20. R20. ; M99 ;
①G00 G90 X20. Y-20. Z10. ; F200. S1200 M03 ; G01 Z-10. M08 ; ③G91 G42 Y20. D01 ; M98 P8888 ;	②G00 G90 X20. Y20. Z10. ; F200. S1200 M03 ; G01 Z-10. M08 ; ③G91 G41 Y-20. D01 ; M98 P8888 ;	
① G90 G40 G00 Y-20. M09 ; Z300. M05 ; M02 ;	② G90 G40 G00 Y20. M09 ; Z300. M05 ; M02 ;	보정을 취소

예 제 보조 프로그램을 이용한 공구경 보정(끼워 맞춤)

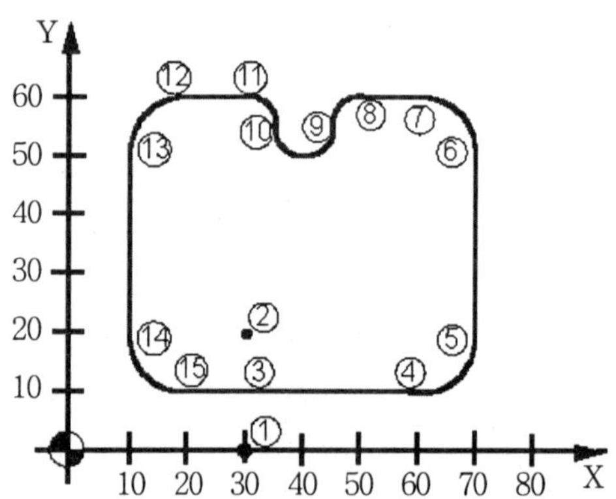

(조건)
소재 : 80×70×20[t]
막깎기 : 절삭속도 200[m/min]
날당이송 : 0.08[mm/날 수]
다듬질 : 절삭속도 24[m/min]
날당이송 : 0.04[mm/날 수]
공구지름 : ϕ5 엔드밀(2날)

<table>
<tr><th></th><th>외측 가공</th><th>내측 가공</th><th>보조 프로그램</th></tr>
<tr><td>구분</td><td>O 1401 ;
① G90 G00 X30. Y0. Z10. ;</td><td>O 1402 ;
② G90 G00 X30. Y20.
Z10. ;</td><td rowspan="2">O 8888 ;
④ G91 G01 X30. ;
⑤ G03 X10. Y10. R10. ;
⑥ G01 Y30. ;
⑦ G03 X-10. Y10. R10. ;
⑧ G01 X-10. ;
⑨ G03 X-5. Y-5. R5. ;
⑩ G02 X-10. R5. ;
⑪ G03 X-5. Y5. R5. ;
⑫ G01 X-10. ;
⑬ G03 X-10. Y-10.R10. ;
⑭ G01 Y-30. ;
⑮ G03 X10. Y-10. R10. ;
⑯ G01 X10. ;
M99 ;</td></tr>
<tr><td>황삭
가공</td><td>S1270 M03 ;
G01 Z-5.3 F75 M08 ;
③ G42 Y10. D03 F200 ;
(D03에 2.7입력)

M98 P8888 ;
① G90 G40 G00 Y0. S1530 ;
Z10.</td><td>S1270 M03 ;
G01 Z-5.3 F75 M08 ;
③ G41 Y10. D03 F200 ;

M98 P8888 ;
① G90 G40 G00 Y20.
S1530 ;
Z10.</td></tr>
<tr><td>정삭
가공</td><td>G01 Z-5.3 F120 ;
③ G42 Y10. D05 ;
(D05에 2.5입력)
M98 P8888 ;
① G40 G00 Y0. M09 ;</td><td>G01 Z-5.3 F120 ;
③ G41 Y10. D05 ;
M98 P8888 ;
② G40 G00 Y20. M09 ;</td><td></td></tr>
<tr><td></td><td>M05 ;
M02 ;</td><td>M05 ;
M02 ;</td><td></td></tr>
</table>

4.2 공구길이 보정

길이가 다른 여러개의 공구로 공작물을 가공할 때에는 공구길이 보정이 필요하다.

예를 들어 Z축 프로그램 원점이 공작물 상면일 때 프로그램 중에서 기준공구보다 짧은 공구를 사용하면 Z0 위치까지 이동시켜도 공작물에 도달하지 않고, 보다 긴 공구를 사용하면 Z0로 이동시 공작물에 충돌하게 된다.

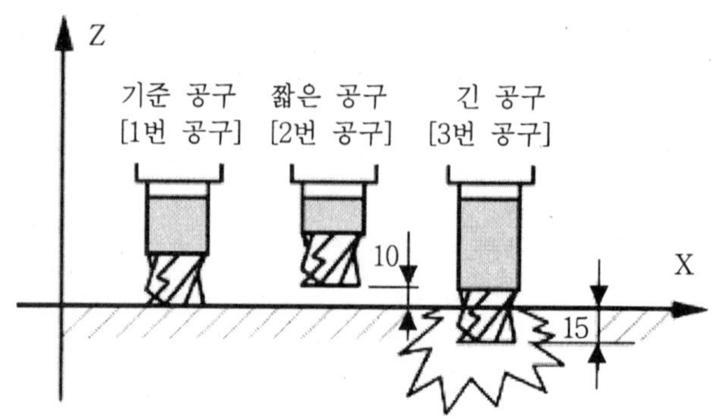

이런 현상을 피하기 위하여 각 공구마다의 기준공구에 대한 공구 길이 차이를 공구 보정량으로 설정하여 프로그래밍하는 것을 공구길이 보정이라고 한다.

4.2.1 지령방법

(1) 지령형식

G43 Z___ H____ ; +보정, 공구보정량을 지령된 Z좌표치에 가산한다.(+)
G44 Z___ H____ ; −보정, 공구보정량을 지령된 Z좌표치에 감산한다.(−)
G49 Z___ ; 공구길이 보정 취소
 * H____ : 보정번호
 Z___ : Z축 이동지령(절대, 증분지령이 가능)

(2) 공구 보정량의 지정

① H코드에 의해 보정번호를 지정하면 이 지정된 번호의 보정량이 프로그램된 Z축의 지령치에 가산 또는 감산된다. 단, H00을 지령하면 옵셋량은 0이 지정된다.

② 공구길이 보정을 취소할 때는 G49를 지령하거나 H00을 지령하면 된다.

③ 보정을 취소시에는 충돌방지를 위해 반드시 공구를 보정량보다 더 높이 이동시킨 후 취소하여야 한다.

(3) 보정방법

공구길이 보정방법은 여러가지가 있으나 하나의 예를 들면 다음과 같다.
실제 실행방법은 기계운전편에서 설명하기로 한다

① 상면이 넓적한 공작물을 테이블 위에 놓는다.(상면을 Z0로 설정시)
② 기준공구 선단을 그 평면에 접하게 위치시킨다.
③ 상대 좌표계 Z축 값을 0(제로)으로 리셋(reset)시킨다.
④ 측정할 공구로 교환하고 그 공구선단을 평면에 접하게 한다.
⑤ 상대 좌표계 Z축 차이값을 공구길이 보정량으로 설정 메모리에 기억시킨다.

위와 같이 하면 기준공구에 대하여 짧은 공구는 보정량이 "-"로, 긴공구는 "+"값으로 설정된다. 일반적으로 기준공구를 가장 짧은 공구로 선정하였다면 G43을 사용하고, 기준공구를 가장 긴 공구로 선정하였으면 G44를 사용해야 보정량이 플러스(+)로 되어 편리하다.

길이 보정 예1

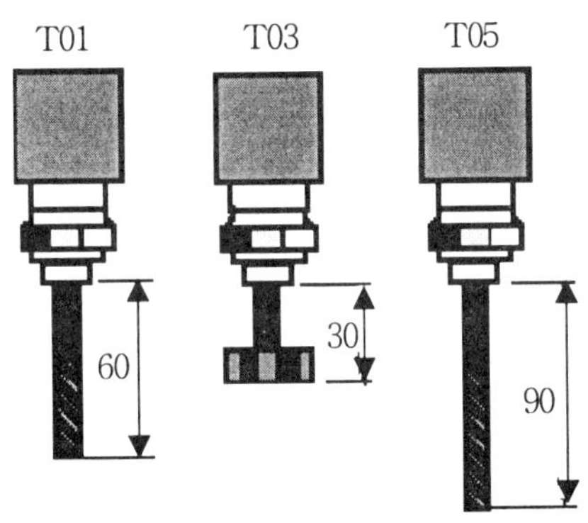

T01을 기준공구로 사용시	T05를 기준공구로 사용시
① T03에 대한 보정 G43 Z__ H03 ; (H03에 -30 설정) ② T05에 대한 보정 G43 Z__ H05 ; (H05에 +30 설정)	① T03에 대한 보정은 G43 Z__ H03 ; (H03에 -60설정). ② T01에 대한 보정은 G43 Z__ H01 ; (H01에 -30설정).

공구길이 보정의 예2

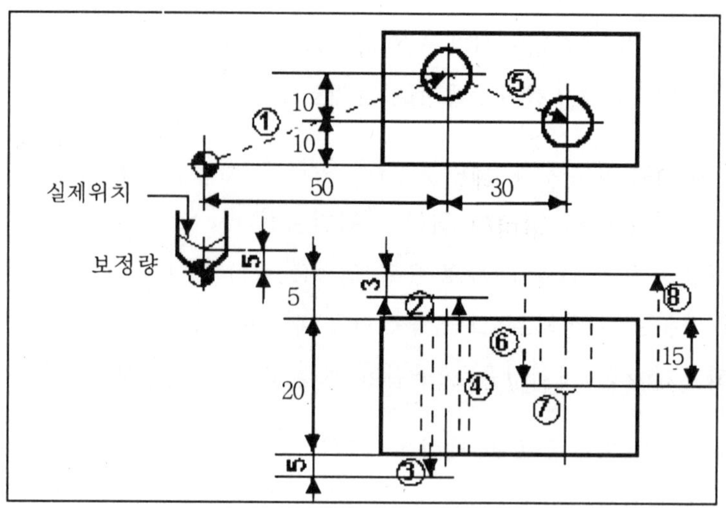

제5장 고정 사이클을 이용한 프로그래밍

구멍, 탭, 보링 등을 할 때 몇 개 블록에서 지령하는 가공동작을 고정사이클을 이용하여 1개의 블록으로 프로그램을 간소화시킬 수 있고 효율적이며 경제적인 가공이 가능하다.

공구의 접근 위치, 가공하는 깊이, 휴지하는 시간 등의 필요한 정보를 파라메타로 줌으로써 프로그램 작업의 경감을 시도한 것이다.

5.1 고정 사이클의 기본

5.1.1 고정 사이클의 기본 동작

① 고정 사이클은 통상 다음 그림과 같이 6개 동작으로 이루어진다.

② 고정 사이클의 종류 : 12개(G73~G89)

③ 위치 결정은 G17평면(X-Y평면)일 때, 드릴 작업은 Z축 방향으로 행한다.

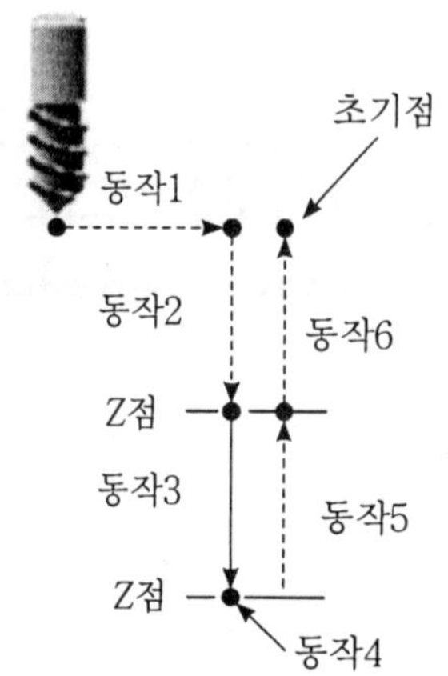

동작 1 : X, Y축 위치 결정
동작 2 : R점(가공시작점)까지 급이송
동작 3 : 구멍 절삭 가공
동작 4 : 구멍 바닥에서 동작(Dwell)
동작 5 : R점으로 복귀[G99 사용]
동작 6 : 초기점으로 복귀[G98 사용]

5.1.2 고정 사이클 모드

고정 사이클 모드에는 3가지 모드가 있으며 각각 모달(Modal) G코드로 지정한다.

① 데이터 형식 : 절대지령[G90], 증분지령[G91]

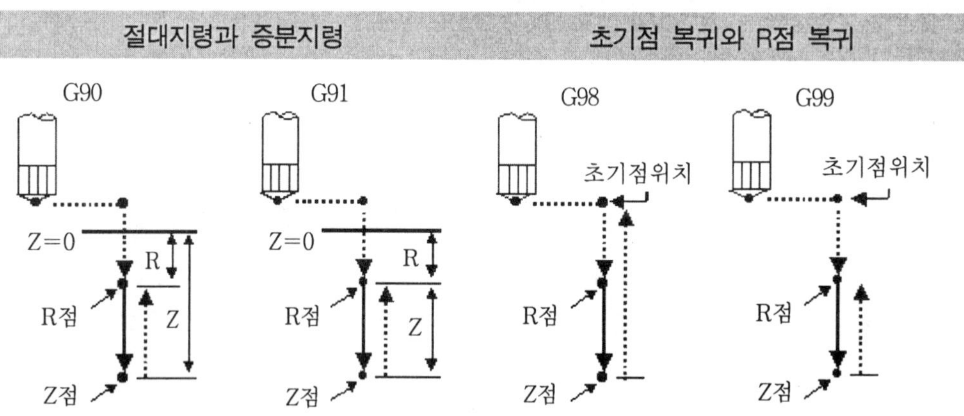

② 복귀점 위치 : 초기점 위치[G98], R점 위치[G99]

③ 구멍가공모드[G73, G74, G80～G89]

5.1.3 고정 사이클에 대한 DATA

고정 사이클에서 가공에 관한 데이터는 다음 표시와 같이 지정한다.(G17평면의 경우)

G_	G90 G91	G98 G99	X_	Y_	Z_	R_	Q_	P_	F_	L(K)_ ;
↑	↑	↑	↑	↑	↑	↑	↑	↑	↑	↑
사이클 종류	절대, 증분 지령 (선택)	복귀 기능 (선택)	구멍위치 (동작 1)		가공 깊이 (동작 3)	R점 좌표 (동작 2, 5)	1회 절입 량	일시 정지 시간 (동작4)	이송	반복회수
					구멍가공데이터					

주 G98 : 고정사이클 초기점 복귀, G99 : 고정사이클 R점 복귀

① 구멍가공모드 : G 고정 사이클의 종류인 G73~G89의 지령.

G코드	사이클 명	G코드	사이클 명
G73	고속 심공 드릴 사이클	G84	태핑 사이클
G74	역 태핑 사이클(왼나사)	G85	보링 사이클
G76	정밀 보링 사이클	G86	보링 사이클
★ G80	고정 사이클 취소	G87	백보링 사이클
G81	드릴/Spot 드릴 사이클	G88	보링 사이클
G82	드릴/카운터 보링 사이클	G89	보링 사이클
G83	심공 드릴 사이클		

주 "★"은 Power ON시 유효한 초기상태의 지령이다.

② 구멍위치 데이터 [X, Y]의 구멍위치를 증분값 또는 절대값으로 지정한다. 공구 이동은 급속이송[G00]으로 이동한다.

③ 구멍가공 데이터

㉠ Z : 구멍가공 최종 깊이를 지령한다.
증분지령의 경우 R점에서 구멍바닥까지 거리를 지령하고
절대지령인 경우 구멍바닥 위치를 지령한다.

㉡ R : 구멍가공 시작점 및 구멍가공 종료 후 공구를 R점 복귀 지령.
증분지령의 경우 초기점에서 R점까지의 거리를 지령하고
절대지령인 경우 R점의 위치를 지령한다.
R의 이송속도는 동작2, 동작6 공히 급속 이송[G00]이 된다.

㉢ Q : G73, G83에 있어서 매회 절입량 또는 G76, G87에 있어서 구멍 바닥에서의 이동량을 지정한다.(항상 증분치로 양의 값 지령)

㉣ P : 구멍 바닥에서 Dwell(일시 정지) 시간을 지령한다.
시간과 지정수치의 관계는 G04로 지정하는 것과 같다.

㉤ F : 구멍가공 이송 속도를 지령한다.

④ 반복횟수

㉠ K(L) : 동작 1~6까지의 일련의 동작을 되풀이 할 횟수를 지정한다.
최대 지령치는 9999이며 지정된 블록에서만 유효하다.

㊕1 그림과 같이 두께가 30[mm]인 소재를 G01과 G00기능을 사용해서 드릴링 하여라.

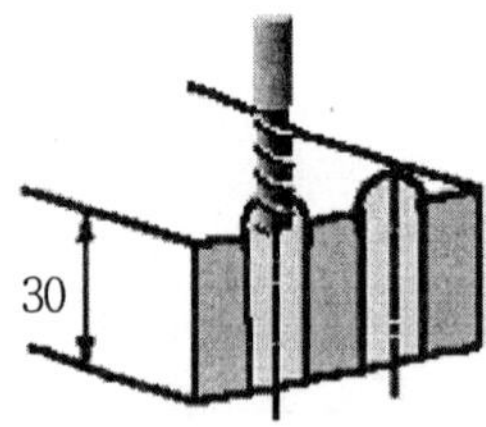

그림과 같이 두께가 30[mm]인 소재를 G01과 G00기능을 사용해서 드릴링 할 경우 1회의 드릴링에 소요되는 동작은 13회로서 13개의 블록이 필요하다.
현재 드릴위치 : X, Y 구멍의 중심, Z : 10.0[mm]

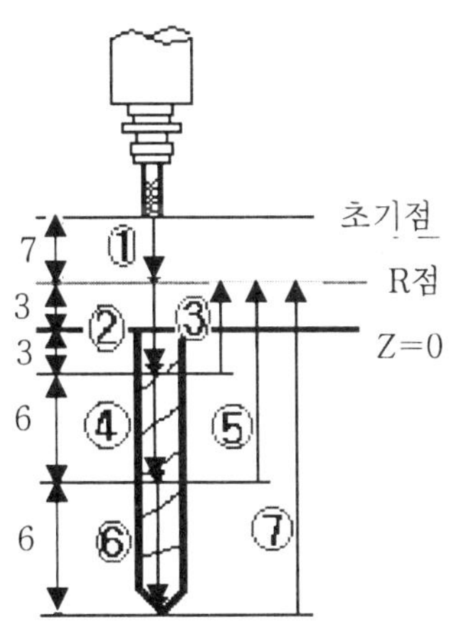

① G90 G00 Z3. ;
② G01 Z-3. F100 ;
③ G00 Z3. ;
④ G01 Z-9. ;
⑤ G00 Z3. ;
⑥ G01 Z-15. ;
⑦ G00 Z3. ;
⑧ G01 Z-21. ;
⑨ G00 Z3. ;
⑩ G01 Z-27. ;
⑪ G00 Z3. ;
⑫ G01 Z-30. ;
⑬ G00 Z3. ;

이와같이 프로그래밍하면 대단히 불편하고 비경제적이다. 따라서 고정사이클 중 심공드릴 사이클(G83)을 사용하면 1개의 블록으로 프로그램이 가능하다.

5.2 고정 싸이클 기능 설명

(1) 심공 드릴 싸이클(G83)

직경이 작고 깊은 구멍을 가공시 칩의 배출이 원활하지 않고 절삭공구의 선단까지 절삭유의 투입이 쉽지 않다.

(Q량만큼 1회 절입, R점까지 복귀, 복귀직전의 위치에서 d값 만큼 위쪽으로 급속이송, 다시 Q량 절입, Z점까지 반복하고 공구가 도피하는 기능. 난삭재 가공에 좋다. 구멍의 진직도가 향상된다.)

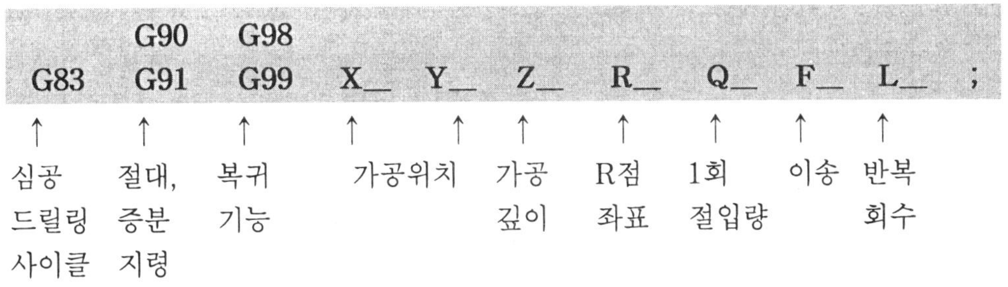

예2 위의 예1을 G83기능으로 드릴링하여라.

① 절대치 프로그램

G83 G90 G99 Z-33. R3. Q6. F200. ;

② 증분치 프로그램

G83 G91 G99 Z-21. R-7. Q6. F200. ;

[지령방법]

G83 G90(G91) G98(G99) X Y Z R Q F K ;

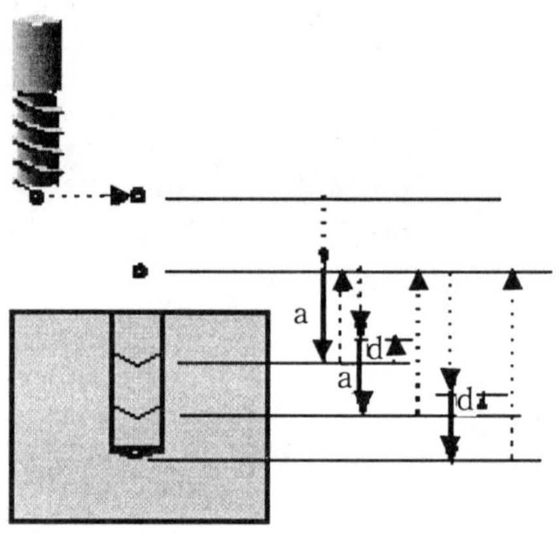

(2) 드릴 싸이클(G81)

드릴 가공이나 센터드릴 가공으로 칩(Chip) 배출이 용이한 공작물의 구멍가공

[지령방법]

G81 G90(G91) G98(G99) X Y Z R F K ;

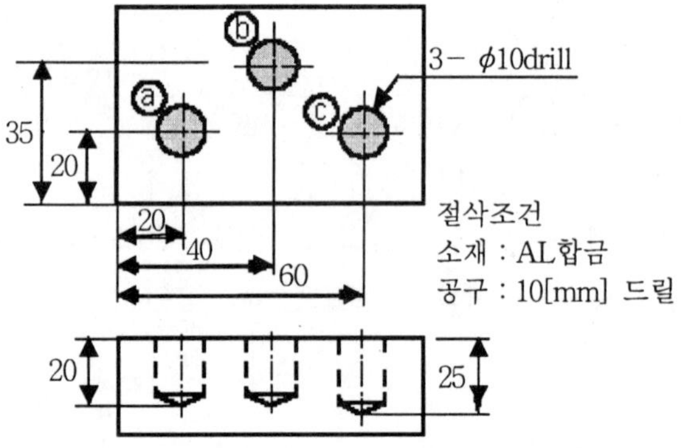

[지령워드의 의미]

X, Y : 구멍 가공의 위치.

Z : 구멍 가공의 깊이

R : R점의 좌표를 지령

F : 이송 속도 지령

K : 반복 횟수 지령

↓ ↓

```
G00 G90 X20. Y20. ;
G43 Z10. H01 S1000 M03 ;
M08 ;
G81 G99 Z-20. R3. F400 ;
X40. Y35. ;
G98 X60. Y20. Z-25. ;
G00 Z200. ;
G49 G80 M09 ;
M02. ;
```

(3) 고속 심공드릴 싸이클(G73)

드릴 직경의 3배 이상인 깊은 구멍에서 칩의 배출을 용이하게 하기 위해서 스텝(STEP) 이송을 한다.

[지령방법]

G73 G90(G91) G98(G99) X Y Z R Q F K ;

Q : 매회 절입량으로서 생략하면 연속 R→Z로 연속가공하는 G81기능과 동작이 같다.

d : 후퇴량을 나타내고 파라메타에 설정한다.

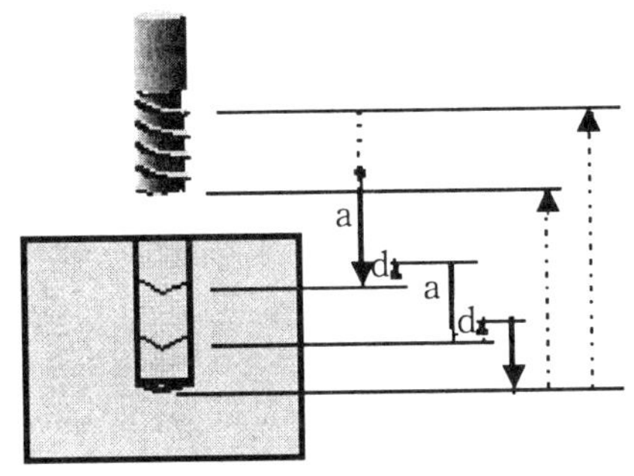

(4) 카운터 보링 싸이클(G82)

구멍의 바닥면에 일정 시간동안 정지하여 카운터 보링이나 카운터 싱킹 등 구멍 바닥면을 다듬질한다.

[지령방법]

G82 G90(G91) G98(G99) X Y Z R P F K ;

(P 지령을 생략하면 G81 기능과 같다.)

(5) 탭핑 싸이클(G84)

오른나사 탭을 사용하여 암나사를 깍는다.
주축은 정회전하면서 들어가고, 역회전하면서 나온다.
다시 주축은 정회전한다.

[지령방법]

G84 G90(G91) G98(G99) X Y Z R F K ;

[탭 가공의 이송속도 계산]

$$F = n \times f$$

n : 회전수[rpm], f : 피치[mm] 또는 리드[mm]

예 M10×P1.5의 탭 가공을 400[rpm]으로 가공시
F=400×1.5=600

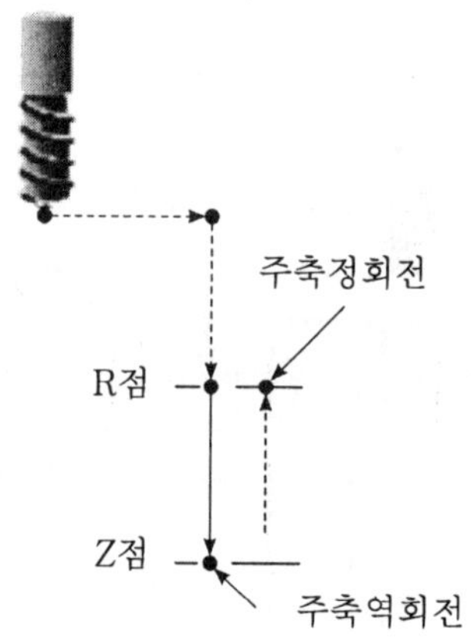

(6) 백 보링 싸이클(G87)

Q량만큼 보링날 반대 방향으로 이동하고 R점까지 급속이송한다.

R점에서 보링중심으로 이동한 후 M03하면서 Z축이동 종점까지 절삭 가공을 하고, 다시 주축 한 방향정지 후 Q량 만큼 이동하여 초기점까지 복귀하고 공구중심으로 이동하여 M03하는 기능.

[지령방법]

G87 G90(G91) G98(G99) X Y Z R Q F K ;

(7) 고정사이클 최소(G80)

고정사이클(G73, G74, G76, G81～G89)을 최소하여 이후의 통상적인 동작을 하게 되는데 R점과 Z점도 무시하며(즉, 증분지령으로 R=0, Z=0가 됨.) 기타 구멍가공 데이터도 전부 무시된다.

(8) 극 좌표 지령(G15, G16)

삼각함수를 이용하여 수동으로 계산하는 원호반경과 각도를 지령하여 자동으로 원주상의 좌표를 계산하는 기능.

[지령방법]

G15 : → 극좌표 지령 취소

G16 X Y ;

X : 극좌표 지령의 원호 반경, Y : 각도 지령

(각도는 3시 방향이 0°이고 CW가 "−", CCW가 "+"임.)

예 제 우극좌표 지령의 응용 프로그램

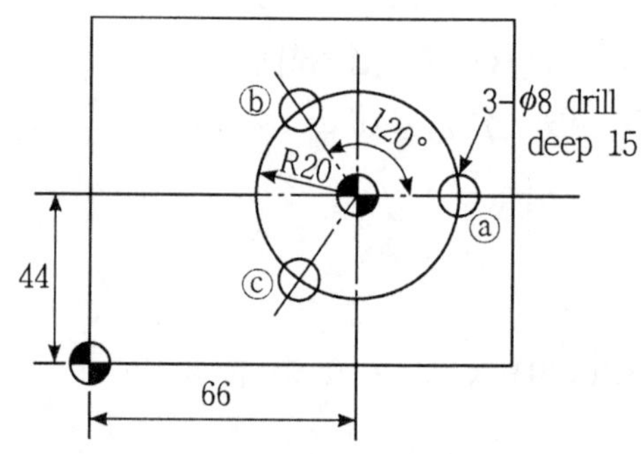

G40 G49 G80 ;

G28 G91 X0 Y0 Z0 ;

G92 G90 X220.657 Y183.003 Z446.382 ;

↓

G52 X66. Y44. ; →로칼좌표계 설정(원점 X60, Y44)

G16 G17 ; → G17 평면에서 극좌표 지령

G81 G90 G99 X20.Y0. Z-15. R3. F50 ; → ⓐ 점 가공.

Y120. ; → ⓑ 위치에서 구멍가공.

Y240. ; → ⓒ 위치에서 구멍가공.

G15 G00 Z25. M09 ; → 극좌표 지령 취소

G00 으로 고정싸이클 취소

G52 X0 Y0 ; → 로칼 좌표계 취소

G00 X0 Y0 ;

G49 Z400. M05 ;

M02 ;

예 제 극좌표 지령의 응용 프로그램

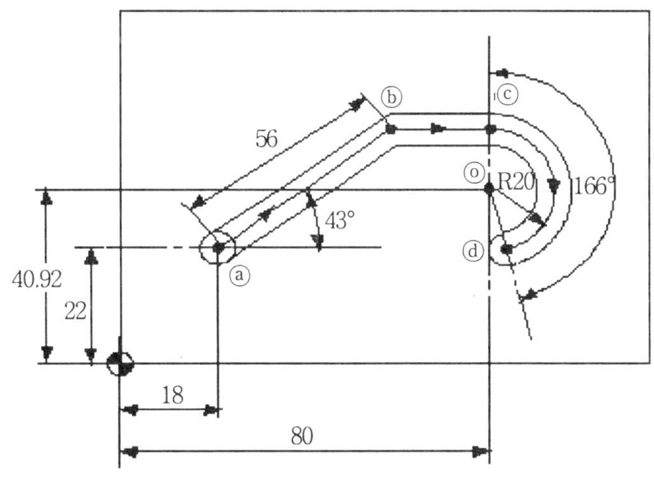

P/G

G00 G90 Z20. ;

G52 X18. Y22. ; → 로칼 좌표계 설정 및 루칸 좌표계 원점

G00 X0 Y0 ; →(a점)

G16 ; → 극좌표 지령

G01 Z-10. F75. M08 ;

X56. Y43. F200. ; → b점으로 직선절삭(X56은 반경값, Y43은 각도)

G15 ; → 극좌표 지령 취소

G52 X0 Y0 ; → 로칼 좌표계 취소

G01 X80. ; → c점으로 직선 절삭

G52 X80. Y40.92 ; → o점에 로칼 좌표계 설정

G16 ; → 극좌표 지령

G02 X20. Y-76. R20. ; → d점으로 원호 절삭(x20은 원호의 반경값, y-76은 각도)

G15 ;

G52 X0 Y0 ;

G00 Z20. ;

(9) 스켈링(SCALING) 기능(G50, G51)

동일형상의 가공이 반복될 경우 형상의 크기를 확대 축소하여 P/G하는 기능으로 전체 배율을 지령할 수 있고, 각축의 배율을 다르게 지령하여 다양하게 응용할 수 있다.

[지령방법]

G50 ; → 스켈링 지령 취소

G51 X Y Z P ;

I J K ;

X, Y, Z : 스켈링 지령의 중심좌표를 절대 지령으로 한다.

P : 스켈링 배율 지령(2배 확대지령 P2000, 0.5배 축소지령 P500)

I, J, K : 각축 스켈링 배율 지령.

[스켈링, 미러 이미지 프로그램 예제]

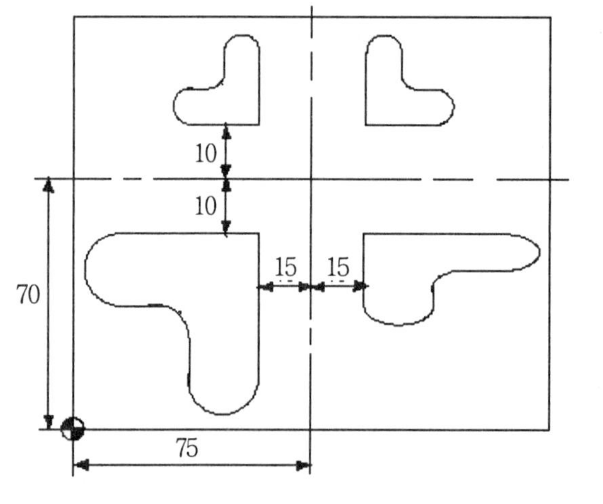

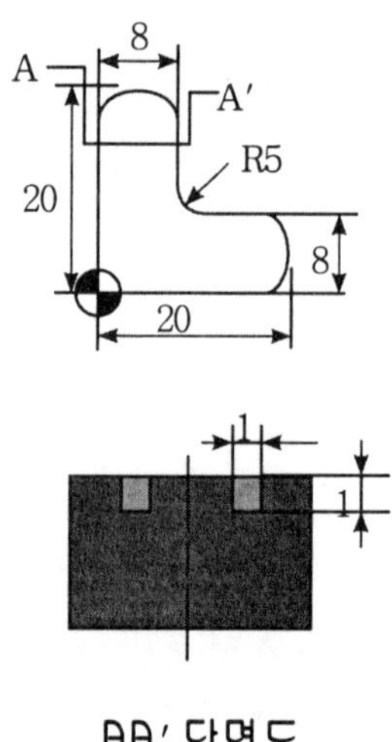

AA′ 단면도

```
G30 G91 Z0 T01 M06 ;
G54 G90 G00 X0 Y0 ;
G52 G90 X90. Y80. ; → 1사분면 로칼 좌표계 설정
G00 X0 Y0 ;
G43 Z10. H01 S1500 M03 ;
Z2. M08 ;
```

```
M98 P1234 ; → 1사분면 원본 형상
G52 X60. Y80. ; → 2사분면 로칼 좌표계 설정
G51 X0 Y0 I-1000 J1000 ; → X축 미러이미지 지령(2사분면)
M98 P1234 ;
G50 ; 스켈링 취소
G52 X60. Y60. ;
G51 X0 Y0 I-2000 J-2000 ; → X, Y축 미러 이미지 지령과 2배 스켈링 지령
M98 P1234 ;
G50 ;
G52 X90. Y60. ;
G51 X0 Y0 I2000 J-1000 ; → Y축 미러이미지 및 X축 2배 확대 지령
M98 P1234 ;
G50 ;
G52 X0 Y0 ;
G00 Z20. M09 ;

O1234(SUB- PROGRAM) ;
G00 G90 X0 Y0 ;
G01 Z-1. F15 ;
Y16. F20. ;
G02 X8. R4. ;
G01 Y13. ;
G03 X13. Y8. R5. ;
G01 X16. ;
G02 Y0 R4. ;
G01 X0 ;
G00 Z20. ;
M99 ;
```

(10) 좌표 회전(ROTATE) 기능(G68, G69)

평면 선택 기능에 따라 기준 두 축의 좌표를 회전시킬 수 있다.

[지령방법]

G68 *α β* R ;

G69 ; → 좌표회전 취소

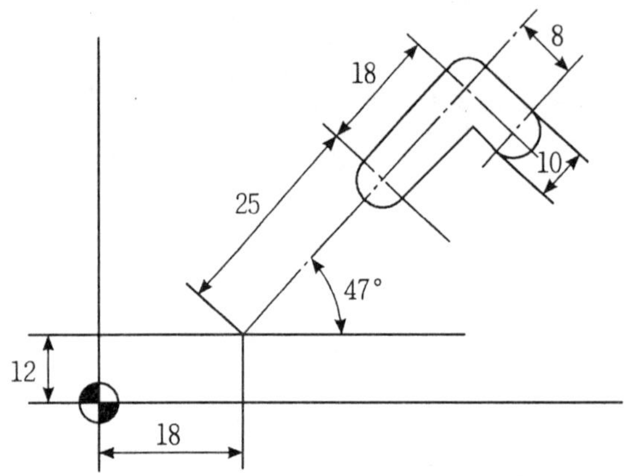

G30 G91 Z0 T01 M06 ;

G90 G00 X0. Y0. ;

G43 Z20. H01 S920 M03 ; → 공구길이 보정 및 주축 회전

G52 X18. Y12. ;

G68 X0. Y0. R47. ; → 좌표 회전 지령((18,12)중심좌표, R47회전각도)

X25. Y0. ; → 가공 시작점 이동

Z2. M08 ;

G01 Z-10. F75 ;

X43. Y0 F250. ;

Y-8. ;

G41 X48. D01 ;

X48. Y0 ;

G03 X43. Y5. R5. ;

G01 X25. ;

```
G03 Y-5. R5. ;
G01 X38. ;
Y-8. ;
G03 X48. R5. ;
G40 G01 X43. Y-8. ;
G00 Z20. M09 ;
G69 ;
G49 Z400. M05 ;  → 공구길이 보정 말소
```

일상운전 및 조작

6.1 가동과 정지

① 배전반과 기계의 메인 스위치를 ON한다.

② 공압밸브를 열고 Compressor 스위치를 ON한다.

③ 조작반 전원 스위치를 ON한다.

④ 화면에 error메시지(EMERGENCY BUTTON 스위치 ON)가 나타나면 비상 스위치를 해제한다.

⑤ 조작판의 키를 점검한다.

⑥ 기계를 원점복귀 시킨다.

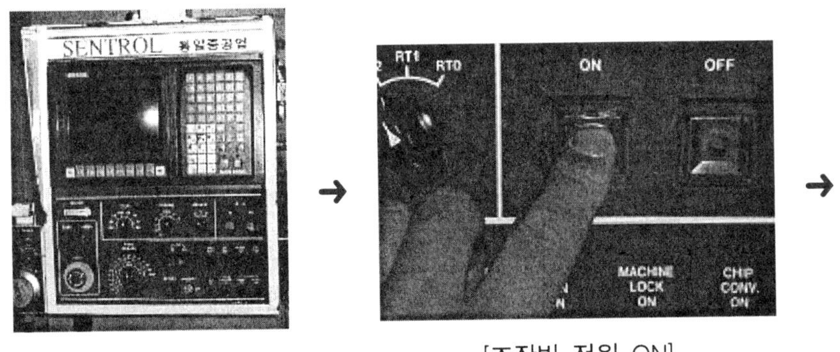

[조작반] [조작반 전원 ON]

[비상 스위치 해제]

[부팅중]

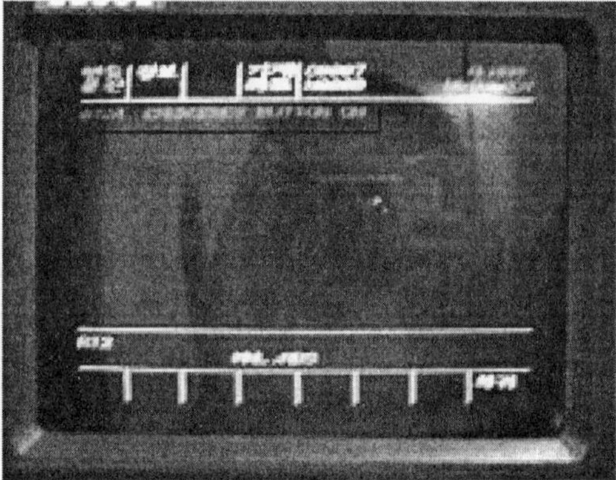

[부팅완료후]

화면부팅상태

6.2 원점복귀

기계는 전원을 처음 킨 후에는 원점복귀를 실행하여야 어떤 기능을 [자동개시] 했을 때 에러를 방지할 수 있으므로 반드시 원점복귀를 실행한다.

① 조작반의 모드선택 스위치의 [핸들]을 선택한다.

② function키 중 F1 키(위치선택)를 눌러 상대좌표를 선택한다.

· 공구의 현재의 위치를 0으로 하여 움직인 거리를 확인하기 위함.

③ MPG를 사용하여 X, Y, Z축을 선택한 후 각 축을 [−]방향으로 100[mm] 이상 이동한다.

④ 조작반의 모드선택 스위치를 [원점]으로 선택한다.

⑤ 원점복귀를 시킨다.

㉠ 숫자키 중 8↑, 4←, 1↙를 눌러 각축을 기계원점으로 이동시킨다. (8↑ Z+축, 4← X+축, 1↙ Y+축으로 기계원점 이동을 의미) 키를 누를 때 마다 화면의 각축에 ⊕표시가 점멸되며 원점복귀(기계원점)가 완료되면 점멸상태가 정지한다.

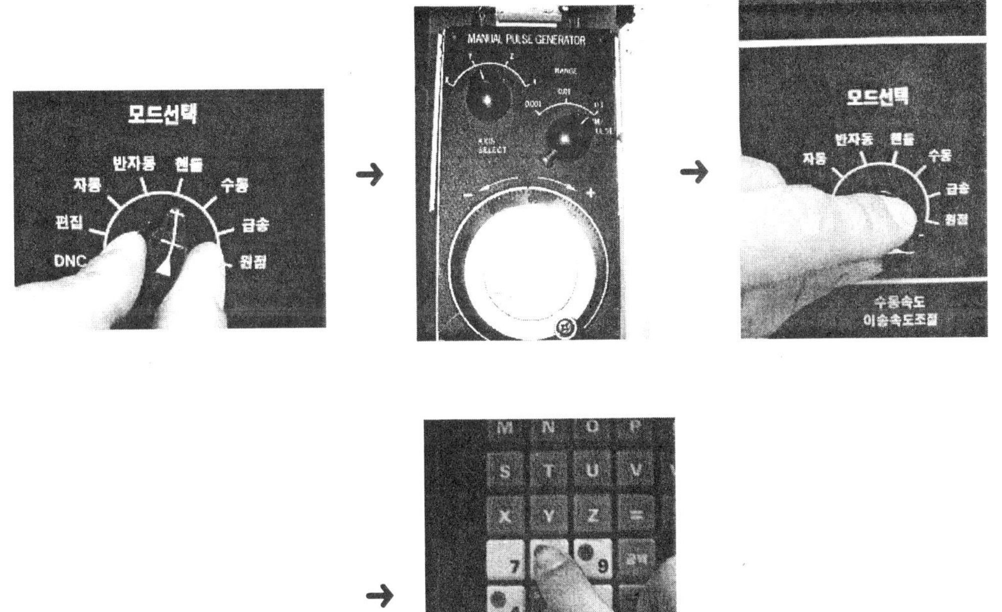

㉡ 원점복귀시의 화면

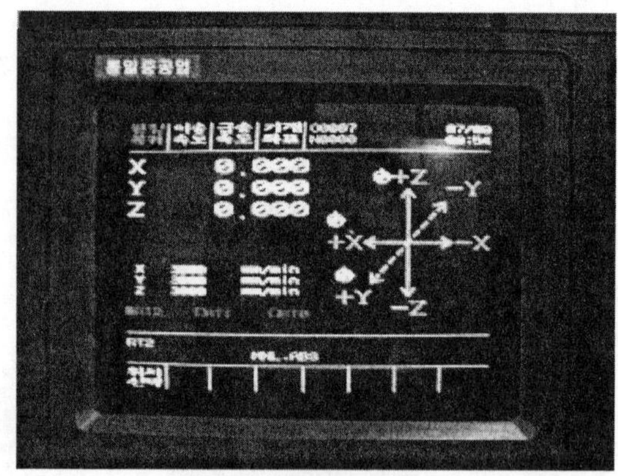

주의 ① 전원을 처음 켰을 때는 반드시 수동원점복귀를 시켜야 한다.

② 도안에서 스케일링 후 신속확인을 눌러 가공상태를 확인후에도 반드시 수동원점복귀를 시켜야 한다.(수동원점복귀를 시키지 않으면 기계좌표가 움직이지 않고 자동이나 반자동 모드에서 어떤 기능을 [자동개시]했을 때 에러가 발생한다.)

6.3 공작물 좌표계 설정

공작물을 가공하기 위해서는 먼저 재료를 적당한 가공위치에 설치한 후 공작물에 사용할 공구로 프로그램 좌표계(공작물 좌표계)를 설정하여야 한다.

또한 좌표계를 설정할때에는 툴 프리셋터를 사용하는 방법과 가공에 사용할 공구로 직접 설정하는 방법이 있으나 여기에서는 공구로 직접 좌표계를 설정하는 방법을 소개하였다.

여러개의 공구를 사용할 때에는 그중 하나를 기준공구로 선택하여 프로그램 좌표계를 설정한 후 각각의 공구에 대하여 길이 및 반경값을 입력해 줌으로서 공구보정을 수행한다.

6.3.1 좌표계 설정과 공구 보정의 기본

공작물 좌표계와 공구보정을 하기 위해서는 사용할 공구를 주축 스핀들에 장착하여야 한다.

① 사용할 공구들이 장착되어 있는 magazine의 port번호를 확인한다.
② 사용순서에 따라 사용할 공구들의 공구호출번호를 정한다.
③ 기준공구로 사용할 공구를 스핀들에 장착하여 프로그램 좌표계를 설정한다. 이때 기준공구의 호출번호를 T01로 한다.
④ 공작물 좌표계 설정 후 기타 사용 할 공구를 차례로 주축에 교환장착하여 길이보정을 한다.
⑤ 기타 공구의 길이보정은 기준공구에 의해 Z=0로 설정된 위치에 접촉하여 기준공구와의 길이차를 입력해 줌으로서 완료된다.
⑥ 공구의 지름보정은 지름보정입력란에 공구의 반지름값을 입력하여 완료된다.

예를 들어 가공하는데 아래 표와 같이 ϕ8, ϕ10 엔드밀, ϕ8 드릴 등 3개의 공구가 사용된다면 먼저 기준공구를 선정하고 기준공구로 좌표계설정을 해야 한다.

공 구	메거진포트번호	공구호출번호	비 고
ϕ10 엔드밀	5	T01	좌표계 설정시 기준공구(T01)로 사용
ϕ8 엔드밀	6	T02	
ϕ8 드릴	4	T03	

6.3.2 프로그램 좌표계 설정

위의 표에 따라 ϕ10 엔드밀을 기준공구(T01)로 사용하여 좌표계를 설정한다.

(1) 제2원점복귀(G30 : 공구교환위치로 복귀)

기준공구를 주축에 설치하기 위해 먼저 주축(Z축)을 공구교환위치로 복귀시켜야 한다.

공구교환위치의 좌표값은 파라메터에 설정되어 있다.

(가) 모드선택 스위치를 [반자동]모드로 선택하여 CRT화면을 MDI화면상태로 한다.

주 [반자동]모드에서 MDI화면이 아닌 다른 화면일때는 모드스위치를 돌렸다가 다시 [반자동]으로 선택하면 MDI화면이 나타난다.

(나) 제2원점복귀 실행

① 명령어 입력 : G91(G49)G30 Z0. ⏎

㉠ G91 : 증분지령으로 현재 좌표점을 Z0으로 인식한다.

㉡ G30 : 제2원점복귀(공구교환위치복귀), ⏎ : 입력키

㉢ 명령어를 입력하면 먼저 입력준비 Line에 입력되고 입력키(⏎)를 누름으로서 프로그램 영역으로 입력된다.

② [자동개시]를 2회 누르면 제2원점 복귀완료된다.

즉 Z축이 공구교환위치로 복귀가 완료되며 화면의 프로그램 영역에 입력된 명령어(G91 G30 Z0)가 사라진다.

(2) 공구교환(T□□ M06)

기준공구로 사용할 ϕ10 엔드밀의 장착포트번호 5번이고 현재 3번인 공구호출번호를 1번(T01)으로 수정할 때

(가) 사용할 공구의 메거진 포트번호를 확인한다.(예 포트번호 005)

(나) 호출할 공구의 호출번호 확인 및 수정 호출할 5번 메거진의 공구호출 번호를 찾는다.

모드를 [반자동]모드로 한다.(또는 핸들모드)

스위치 조작판의 프로그램 보호키를 OFF로 한 상태에서만 DATA 수정이 가능하다.

① function키의 [화면]→[진단]→[PLC]→[more](☞) →[DATA TABLE]에서 F7키(⇩)로 #002 화면(group 2화면)을 찾는다.

② 번호 005의 DATA 확인 : 번호 005 : 메거진 포트번호, DATA 3 : 공구호출번호(공구호출시 T03)

[GROUP 2 화면]

DATA TABLE GROUP #002

번 호	번 지	DATA	번 호	번 지	DATA
001	D046	2	012	D056	10
002	D047	7	013	D057	8
003	D048	1	014	D058	3
004	D049	4	015	D059	11
005	D050	3	:	:	:
006	D051	5			
▲	▲	▲	▲	▲	▲
포트 번호	파라메타	공구호출번호	포트 번호	파라메타	공구호출번호

· 번호 : 현재 공구가 장착되 있는 메거진 포트의 번호로서 000은 스핀들축을 의미한다.

· 번지 : 포트번호와 공구호출번호를 교환할 경우 교환정보의 기억장소

호출할 공구	번호	현재 DATA	수정할 DATA	비 고
φ8 드릴	004	4	3	DATA를 3으로 수정
φ10 엔드밀	005	3	1	DATA를 1로 수정(기준공구)
φ8 엔드밀	006	5	2	DATA를 2로 수정

사용할 공구의 번호와 DATA를 확인한다.

③ 번호 005의 DATA “3”을 “1”로 변경한다.(이후 T01로 호출함)

㉠ 화면의 번호 005에 커서 위치후 “1” “ ⏎”하여 DATA를 변경한다.

㉡ DATA의 숫자가 중복시는 알람이 발생하며 중복된 번호를 다음과 같이 다른 번호로 바꿔줌으로서 해제할 수 있다.

ⓐ [F8](복귀)키를 누른다.

ⓑ function키의 ⬇, ⬆를 이용하여 사용하지 않을 공구의 번호를 선택한

다.

· DATA가 중복된 공구번호 : 003 ---공구번호 005와 DATA"1"이 중복됨.

ⓒ DATA를 중복이 안 되도록 다른 번호로 바꾼다.

· 공구번호 003의 DATA를 없는 수치("4")로 변경한다.

ⓓ [해제]키를 누른다.

ⓐ 키보드의 [해제]버튼 선택

ⓑ function키의 [F8] 선택

ⓒ 사용하지 않을 공구의 DATA번호를 중복이 되지 않도록 번호를 바꾼다.

· 중복된 DATA 공구번호 : 003의 DATA "1"

· 공구번호 003에 커서 위치후 DATA란에 없는 수치로("4") 변경한다.

④ 위의 3과 같은 방법으로 번호 006의 DATA "5"를 "2"로 변경한다.(이후 T02로 호출함)

⑤ 같은 방법으로 번호 004의 DATA 4를 "3"으로 변경한다.(이후 T03으로 호출함)

(다) 공구교환 명령 입력 및 실행

명령어 : **T01 M06 ;**

화면을 MDI(반자동)모드를 선택한 후 다음 명령 함으로서 실행

① **T01 M06** ⏎

(T01 : 호출 공구번호, M06 : 공구교환명령, ⏎ : 입력키)

② [자동개시]→공구교환 완료됨

(라) 기준공구의 공구번호 확인

이제 주축에 장착된 ϕ10 엔드밀을 기준공구로 공작물에 좌표계를 설정한다.

① function키의 [화면]→[진단]→[PLC]→[more](☞)→[DATA TABLE]에서 F7키(⇩)로 #002 화면(group 2화면)을 찾는다.

② 번호 000의 DATA가 "1"인지 확인한다.

주 ϕ10 엔드밀이 공구교환 전의 번호가 005이었으나 주축에 설치된 이후에는 000으로 나타난다.

참 고 수동으로 주축의 공구를 바꿀때

① [핸들모드]에서-[조작반]을 (2회) 눌러 -[Check Mode]에 커서를 놓고 ON (□ : off 상태, ■ : ON 상태)

② 왼손으로 주축의 공구를 잡은 상태에서 [F3(tool unclamp : 공구풀림)]를 누르면 공구가 빠져 나옴.

③ 끼울때도 같은 방법으로 [F3(tool unclamp: 공구풀림)]를 누른 상태에서 삽입시킴.

④ [조작반]모드에서 빠져 나갈때는 핸들모드스위치로 다른 모드를 선택하면 된다.

(3) 좌표계 설정

좌표계 설정은 기준공구를 사용하여 실행하고 그 외의 사용공구는 길이 및 지름보정만 한다.

① 모드스위치로 [반자동]을 선택하여 MDI화면 상태에서 다음 명령어 입력

S1000 M03 ;

② [자동개시]버튼을 누르면 주축이 CW방향, 1000[rpm]으로 회전한다.

③ 모드스위치를 [핸들]로 전환한 후 (F1)[위치선택]을 선택하여 화면상단의 기계좌표계를 “상대좌표계“로 변환한다.

④ MPG로 X축방향으로 공작물에 접촉

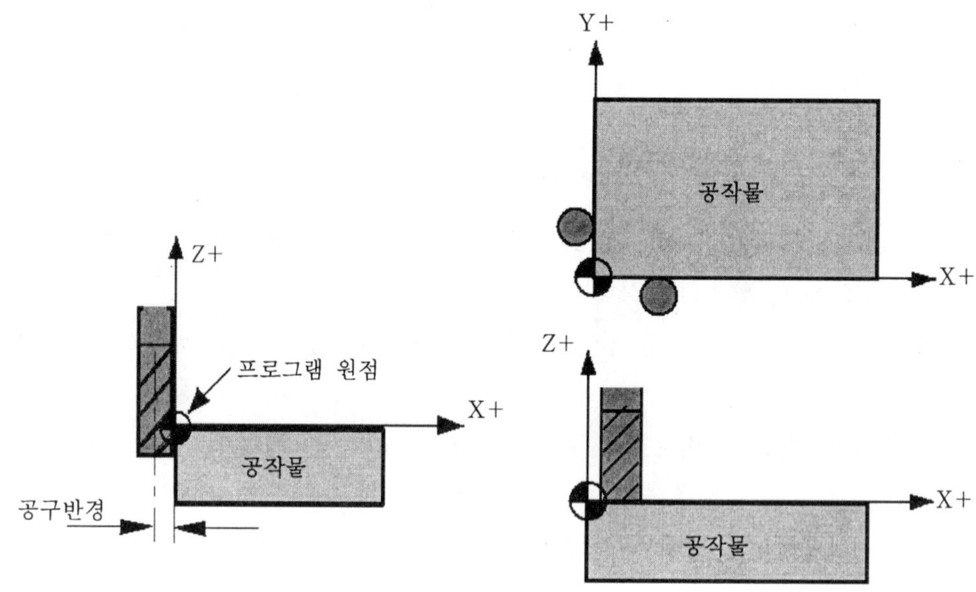

⑤ [F5]키로 [X0] 선택 : 현재 공구의 중심점의 상대좌표계의 X좌표가 "0.000" 으로 변경된다.

⑥ 다시 MPG를 사용하여 Y방향으로 공작물에 접촉 후 [F6]키로 [Y0]를 선택한다. 현재 공구의 중심점의 상대좌표계의 Y좌표가 "0.000" 으로 변경된다.

⑦ 다시 MPG를 사용하여 Z방향에서 공작물에 접촉 후 [F7]키로 [Z0]를 선택한다. 현재 공구의 중심점의 상대좌표계의 Z좌표가 "0.000" 으로 변경된다.

⑧ Z축을 +방향으로 약간 이동 후 X, Y축을 각각 X 5.0, Y5.0 되는 위치로 이동한다.

· 여기서 5.0은 ϕ10 엔드밀의 반경치로서 공구중심점의 위치로 좌표계 설정을 하기 위함.

⑨ [F5], [F6]키로 X, Y축을 각각 상대 [X0], [Y0]로 변경한다.

· 공구의 중심점에 의한 공작물 좌표계 원점(프로그램 원점)이 완료된다.

⑩ 핸들모드에서 수동으로 각 축을 움직여 프로그램 원점으로 이동하여 좌표계 설정이 올바로 되었는지 확인해 본다.

⑪ 공구를 공작물과 충돌하지 않도록 Z+방향으로 안전하게 이동 후 조작반의 [주축정지]버튼으로 회전중인 공구를 정지시킨다.

⑫ 원점복귀 : [원점]모드를 선택 후 [8↑], [4←], [1↙]를 눌러 각축을 기계

원점으로 동시킨다.

⑬ 공작물 원점에서 공구위치까지의 거리를 확인하여 기록한다.

예 X 309.89, Y 152.7, Z 342.1[mm]

주 이 좌표값은 공작물 원점으로부터 현재 공구위치의 기계 원점까지의 좌표값으로 프로그램에 입력 완료될 때까지 축을 움직이면 안된다.

⑭ 모드변환 스위치로 [편집]을 선택하여 작성하는 프로그램을 찾는다.

⑮ 프로그램 편집화면에서 커서를 좌표계 설정 블록(G92)의 X좌표에 위치한 후 위에서 기록한 좌표값을 입력한다.

X 309.89, Y 152.7, Z 342.1 ;

⑯ 모드변환 스위치로 [핸들]모드 선택하여 X, Y, Z축을 공구안전위치까지 이동한다.

* 프로그램 좌표계를 설정완료.

6.4 공구 보정

기준공구에 의한 좌표계 설정이 완료된 후 각 공구의 길이 및 지름보정 등 공구보정을 수행한다.

공구의 보정은 function키의 [화면]→[보정]을 선택하여 보정화면에서 보정값을 입력한다.

공작물 좌표계 원점을 공작물의 상단 표면에 설정하였다면 보정 할 공구로 상단 표면에 접촉하여 좌표계 원점과 공구의 Z좌표치와의 차를 알 수 있으며 이 값을 해당공구의 길이 보정에 사용한다.

이때 각 공구의 길이보정번호 및 지름보정번호는 호출번호와 서로 같도록 하여 번호의 상이함에서 오는 혼동을 해소한다.

즉 공구호출번호가 T01일 경우 길이보정번호는 H001에, 지름보정번호는 D001에 입력한 후 입력한 후 프로그램 작성시에는 각각 “H01”, “D01”로 호출한다.

6.4.1 길이 보정

1번 공구로 공작물 좌표계 설정이 완료되면 1번 공구부터 차례대로 다음과 같은 작업을 수행한다.

(1) 기준공구의 길이 보정

① function키의 [화면]→[보정]화면에서 H001에 커서를 위치한다.
(프로그램 편집시 길이보정번호를 H01로 입력함.)

② 길이보정값 입력

0.000 ⏎

주 ϕ10 엔드밀을 기준공구로 사용할 것이므로 길이보정을 "0.000"으로 한다.

(2) 2번, 3번 공구의 길이 보정

(가) 2번 공구의 길이보정

① 반자동모드를 선택하여 MDI 화면상태로 한다.

② "G91 (G49) G30 Z0 ⏎"로 입력후 [자동개시]를 눌러 주축을 제2원점 복귀 실행

③ "T02 M06⏎" 입력후 [자동개시]버튼을 눌러 2번 공구를 주축에 장착한다.

④ "S1000 M03 ; " 입력후 [자동개시]버튼을 눌러 주축을 정회전시킨다.

⑤ 모드를 [핸들]로 변환한 후 MPG를 사용하여 2번 공구를 공작물의 표면에 접촉시킨다.
이때의 Z좌표값을 확인기록한다. ㉑ Z −2.946

⑥ function키의 [화면]→[보정]을 선택하여 보정화면에서 H002에 커서를 위치한다.(프로그램 편집시 길이보정번호를 H02로 입력함.)

⑦ 위에서 기록한 2번 공구의 길이보정값을 입력한다.

−2.946 ⏎

즉 기준공구의 값을 H001에 "0.000"으로 입력하였으므로 입력한 값 "−

2.946"은 기준공구와의 차이값이 된다.

⑧ 위와 같이 공구의 길이보정이 끝났으면 [반자동]모드의 MDI화면에서 공구를 Z+방향으로 이송한 후 "M05 ; "를 입력하여 주축을 정지 시킨다.

(나) 3번 공구의 길이 보정

2번 공구의 길이 보정이 완료되면 주축의 회전이 정지된 상태에서 3번 공구로 교환을 하여 2번 공구의 경우와 같은 방법으로 길이 보정을 한다.

① 반자동모드를 선택하여 MDI 화면상태로 한다.

② 2번 공구의 제2원점 복귀를 하여 3번 공구로 교환한다.
"G91 (G49) G30 Z0 ⏎"로 입력후 [자동개시]를 눌러 주축을 제2원점 복귀 실행

③ "T03 M06⏎" 입력후 [자동개시] 버튼을 눌러 2번 공구를 주축에 장착한다.

④ S1000 M03 입력후 [자동개시] 버튼을 눌러 주축을 정회전시킨다.

⑤ 모드를 [핸들]로 변환한 후 MPG를 사용하여 3번 공구를 공작물의 표면에 접촉시킨다. 이때의 Z좌표값을 확인 기록한다. 예 Z 27.8

⑥ function키의 [화면]→[보정]을 선택하여 보정화면에서 H003에 커서를 위치한다.(프로그램 편집시 길이보정번호를 H03로 입력함.)

⑦ 위에서 기록한 3번 공구의 길이보정값을 아래와 같이 입력함으로서 보정을 한다.

Z 27.8 ⏎

즉 기준공구의 값을 H001에 "0.000"으로 입력하였으므로 입력한 값 "Z 27.8"은 기준공구와의 차이값이 된다.

⑧ 위와 같이 공구의 길이보정이 끝났으면 [반자동]모드의 MDI화면에서 공구를 Z+방향으로 이송한후 "M05 ; "를 입력하여 주축을 정지 시킨다.

6.4.2 지름 보정

(1) 기준공구(T01 : ϕ10 엔드밀)

① [보정]화면에서 D001에 커서를 위치한다.
(프로그램 편집작성시 지름보정번호를 D01로 입력함.)

② 공구의 보정값을 반경치로 입력한다.

5.000 ↵ ☜ ϕ10 엔드밀의 반경 5[mm]

(2) ϕ8 엔드밀(공구호출번호 T02)

① D002에 커서를 위치한다.

② 공구의 보정값을 반경치로 입력한다.

4.000 ↵ ☜ ϕ8 엔드밀이므로 반경 4[mm]

(3) ϕ8 드릴(공구호출번호 T03)

① D003에 커서를 위치한다.

② 드릴은 공작물의 어느 위치든지 중심의 좌표값으로 프로그램하여야 함으로 지름보정은 항상 0으로 한다.

주 탭, 리이머, 카운터 보어 등도 같은 방법으로 지름보정값을 0으로 입력

프로그램 편집 및 가공

머시닝 센터에 가공을 하기 위해서 조작연습기에서 프로그램이 작성되었다면 이 프로그램을 MCT 조작반으로 프로그램을 전송하여야 한다.

7.1 프로그램의 전송

조작연습기에서 작성한 프로그램을 MCT에서 가공하기 위하여 나음과 같은 방법으로 MCT 조작반으로 프로그램을 전송한다.

① 조작연습기의 전원을 OFF 상태로 한다.

② 머시닝 센터 조작반에서 다음 사항을 수행한다.

㉠ 모드선택 스위치를 편집 모드로 변환시킨다.

㉡ function키에서 [☞(F8)]→[일람표 (F1)]→[입력/출력](F5))→[입력]→[하나]를 선택하면 [실행]이 나타난다.

MCT 조작반은 [실행]상태에서 대기하고 다음 작업을 수행한다.

③ 조작연습기에서 출력작업을 다음과 같이 실행한다.

㉠ 조작연습기의 전원이 OFF된 상태에서 cable(RS232C)를 조작연습기에 연결한다. 이때 cable은 머시닝센터 조작반과 먼저 연결된 상태이어야 한다.

㉡ 조작연습기의 전원스위치를 켜고 function키에서 [머시닝센터]를 선택한다.

㉢ function키 우측의 [선택]키를 선택한다.

㉣ function키의 [편집]→[선택(F3)]을 누르면 저장된 프로그램 목록이 나타난다.

ⓜ 전송할 프로그램명에 커서를 이동한 후 [선택결정]을 누른다.
이때 원하는 프로그램을 찾기 위해 방향키를 사용한다.
⬆⬇ : 한줄씩 이동 , ⇩⇧ : 한화면씩 이동

ⓑ function키로 [프로그램]→[일람표]→[입력/출력]에서 [출력]→[하나]→[출력결정]을 선택하면 function키 내용에 [실행]이 표시된다.

④ 조작연습기의 [실행]대기상태에서 먼저 MCT의 조작반의 [실행]을 누른 후 조작연습기의 [실행]을 눌러 MCT로 프로그램을 입력 받는다.

⑤ 입출력이 완료된 후에는 쇼트 방지를 위해 조작연습기의 전원을 OFF시킨 후에 연결 cable을 해체한다.

⑥ 머시닝센터에서 입력된 프로그램 번호등을 확인한 후 가공하기 전에 필히 다음 사항을 실행한다.

㉠ 전송된 프로그램은 필히 공작물 좌표계를 설정하고 좌표값을 프로그램의 G92블록에 입력한다.

㉡ [선택]→ [선택결정]→[도안]→[이송확인]등으로 프로그램의 경로등을 사전 확인한다.

㉢ 프로그램에서 공구등 확인
[화면]→[진단]→[PLC]→[data table PLC]→ [보정]→[화면보정]에서 data의 변경 등을 확인한다.

㉣ 도안, 공구경로를 확인하고자 할때는 📖[선두]로 커서를 프로그램 선두로 이동한 후 function키로 [도안]→[스케일]화면을 선택하여 공구경로를 확인한다.
이때 공구가 여러개일 경우 공구에 따라 각기 다른 색상으로 진행경로가 표시되며 절삭경로는 실선으로, 급속이송경로는 점선으로 나타난다.

7.2 MCT 조작반에서의 경로확인 및 프로그램 수정

편집과 공구 보정 및 좌표계 설정이 완료된 프로그램은 가공 전에 프로그램의 정상적인 수행여부를 MCT에서 확인하여야 한다.

① [화면]→[프로그램]→[선택]을 누르면 프로그램 목록창이 화면에 나타난다.

② 프로그램명에 커서를 위치한 후 [선택결정]을 눌러 프로그램을 선택한다.

③ 모드스위치를 편집모드로 하고 function키의 [선두]를 사용하여 프로그램 선두로 커서를 이동한다.

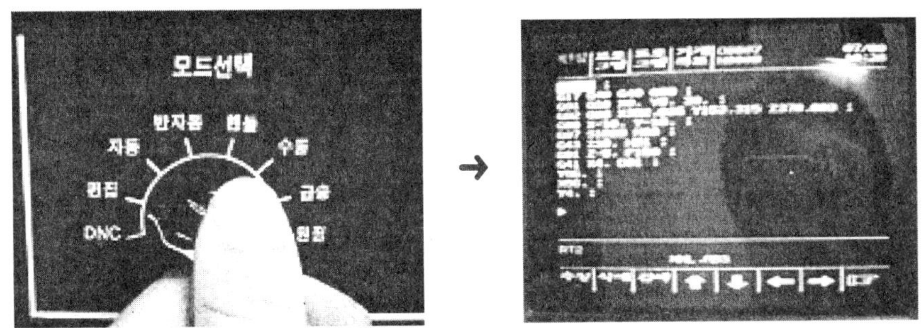

④ 공구보정 및 좌표계 설정을 확인한다.

⑤ 공구경로를 확인하여 프로그램의 이상유무를 검사한다.

㉠ function키의 [도안]→[스케일]→[신속확인]으로 도면을 확대하여 확인할 수 있다. 공구가 여러개일 경우 공구에 따라 각기 다른 색상으로 진행경로가 표시되며 절삭경로는 실선으로, 급속이송경로는 점선으로 나타난다.

㉡ 도면의 평면상태는 [도안]→[설정]에서 좌표평면을 확인후 보고자 하는 평면번호를 입력하여 변환할 수 있다.

㉢ 이때 충돌을 확인하기 위하여 XZ평면(7번)을 보는 것이 바람직하다.

: "7⏎"로 평면이 7로 바꾼 후→[도안]→[스케일링]→[확인]

순서	방 법	설 명
1	편집화면에서 (F8)[☞]→(F6)[선두]	커서를 프로그램의 맨 앞으로 이동
2	[도안]→[스케일링]	· 도형으로 공구경로 확인 · 공구의 진행경로가 작게 표시된다.
3	[신속확인]	· 공구경로를 확대화면으로 볼 수 있다.
4	function의[확대설정] → [화살표]키	· 선택영역을 표시하는 사각형이 생성 · 확대할 곳으로 [화살표]키를 이용하여 사각형 이동
5	[확대](F2)→[F3]~[F4]	직사각형의 크기를 정한다.
6	[신속확인](F7)	주 스케일링을 누르면 처음부터 다시 시작해야 한다.

⑥ 이때 프로그램에 이상이 있으면 ALARM이 발생하고 이를 편집화면에서 수정한다.

* ALARM 발생시 수정(예 알람내용 : O123 offset C interference)
  ① function키에서[복귀] →키보드의 [해제]를 선택
  ② function키 [프로그램]을 선택하면 이상이 있는 블록에 커서가 위치한다.
  ③ 이상이 있는 부분은 [편집]화면에서 수정한다.

7.3 가 공

① 모드변환 스위치를 [핸들]모드로 하여 X, Y, Z축을 +방향으로 충분히 이동한다.

② 모드변환 스위치를 [자동]으로 하고 function키의 [선두]를 선택하여 프로그램 선두로 커서를 이동시킨다.

③ [Single Block] 스위치를 ON

④ 키보드의 [자동개시]버튼을 누른다.
- 왼손은 [비상정지 스위치] 위에 오른 손은 [자동개시]버튼위에 위치하여 비상시 비상정지 스위치를 누를 수 있도록 한다.
- [자동개시]버튼을 한번 누를 때마다 한 블록씩 프로그램이 실행된다.
- 한 블록이 실행완료되면 커서가 다음 블록의 앞으로 내려오며 [자동정지]버튼에 불이 들어온다.
- 가공상태를 확인하면서 계속해서 [자동개시]버튼을 눌러 한 블록씩 실행한다.
- 절삭유공급은 프로그램에 입력시키지 말고 조작반의 [Coolant]스위치를 Manual ON으로 선택하여 공급한다.

⑤ 이미 spindle에 설치된 공구를 프로그램에서 호출하면 해당블록에서 alarm이 발생하며 진행이 정지된다. 이때는 [해제]버튼→function키의 [복귀]를 선택하여 alarm을 해제시킨다.

⑥ 이후 계속해서 [자동개시]버튼을 눌러 프로그램을 실행한다.

7.4 가공 후 정리

① 가공이 완료되면 [비상정지 스위치]를 누른다.

② "컨트롤러"의 전원을 off시킨다.

③ 기계 전원스위치를 off시킨다.

④ 청소 및 정리정돈

Process Sheet(과제 1)

소속 : 성 명 : ________

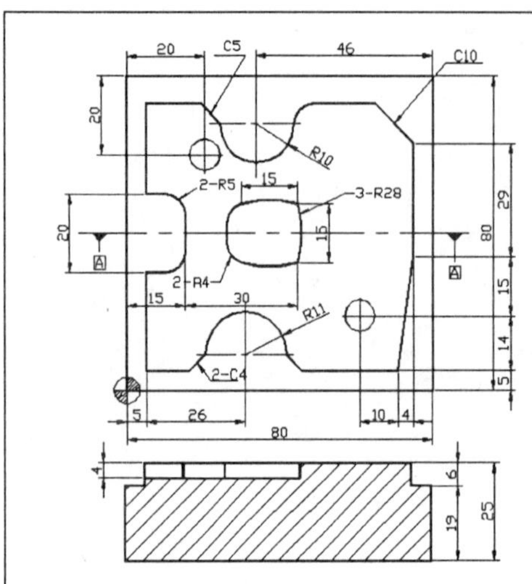

번 호	MCT149
과제명	포켓 가공하기
사용재료	AL 80×80×25[t]

tool setting sheet

공 구 명	공구번호	공구지름
엔드밀	01	ϕ10
엔드밀	02	ϕ8
드릴	03	ϕ8

입력내용	설 명
G40 G49 G80 ;	G40 : 공구반경 보정 취소, G49 : 공구길이 보정취소, G80 : 고정 사이클 취소
G91 G28 X0 Y0 Z0 ;	* G91 : 증분방식으로 현재위치를 경유점(X0 Y0 Z0)으로 인식, G28 : 자동원점복귀(기계 원점)
G92 G90 X200. Y200. Z200. ;	G92 : 공작물 좌표계 설정, G90 : 절대지령방식 ㈜ 각 축 좌표값은 기계입력시 공작물 좌표 원점으로부터 공구의 현위치(제1원점) 상대좌표값으로 수정해 줘야 한다. X 309.89, Y 152.7, Z 342.1
G91 G30 Z0 ;	G30 제 2원점 복귀(공구선택이 여러개일 경우)
T01 M06 ; (ϕ10 END MILL)	1번 공구호출, 공구교환
S1000 M03 ;	S1000 : 주축 1000[rpm], M03 : 주축 정회전
G90 G00 X-10. Y-10. ;	프로그램 원점으로부터 X-10. Y-20.위치로 절대치로 급속이송
G43 (G00) Z100. H01 ;	G43 : 길이보정 +, 길이보정 1번 호출,
Z5. ;	
G01 Z-6. F80 ;	이송80[mm/min] : 첫번째 절삭가공블럭에 입력
G41 (G01) X5. D01 F120 ;	공구반경 왼쪽보정, 지름보정 1번호출, 이송120[mm/min]

입력내용	설 명
Y30. ;	
X10. ;	
G03 X15. Y35.R5. ;	
G01 Y45. ;	
G03 X10. Y50.R5. ;	
G01 X5. ;	
Y73. ;	
X19. ;	
X24. Y68. ;	
G03 X44. Y68. ;	
G02 X49. Y73. R5. ;	
G01 X65. ;	
X75. Y 63. ;	
Y 34. ;	
X71. Y5. ;	
X46. ;	
X42.Y9. ;	
G03 X20.R11. ;	
G01 X16.Y5. ;	
X0. ;	
G00 Z150. ;	
G40 (G00) X150.Y150. ;	
M05 ;	
G91 G49 G30 Z0 ;	
T02 M06 ; (ϕ8 END MILL)	
S1000 M03 ;	S1000 : 주축 1000[rpm], M03 : 주축 정회전
G90 G00 X40. Y40. ;	안 넣어도 됨(G73사이클의 X, Y값)
G43 G00 Z100. H02 ;	
Z5. ;	

입력내용	설 명
G73 G90 G99 X40.Y40. Z-4. Q1. R2. F80 ;	
(G80 ;)	안 넣어도 됨(아래 블록에 G00, 01, 02, 03이 있으면)
G42 G01 Z-4. D02 F120 ;	
X26. ;	
Y43.5 ;	
G02 X30. Y47.5 R4. ;	
G02 X45. R28. ;	
G02 Y32.5 R28. ;	
G02 X30.R28. ;	
G02 X26.Y36.5 R4. ;	
G01 Y40. ;	
G00 Z150. ;	
G40 X150.Y150. ;	
M05 ;	
G91 G49 G30 Z0 ;	
T03 M06 ;	
S1000 M03 ;	
G90 G00 X20. Y60. ;	
G43 G00 Z100. H03 ;	
Z5. ;	
G73 G90 G99 X20. Y60. Z-15. Q5. R2. F80 ;	
(G98) X61.Y19. ;	G98 초기점 복귀
G00 Z150. ;	
G40 X150. Y150. ;	
M05 ;	
M02 ;	

Process Sheet(과제 2)

소속 : 성 명 : __________

번 호	1	과제명	윤곽 가공
사용재료		100×80	
tool setting sheet			

공 구 명	공구번호	길이보정	반경보정
φ12 엔드밀	T01	H01	D01
φ10 엔드밀	T02	H02	D02

번호	입력내용	설 명

번호	입력내용	설 명

Process Sheet(과제 3)

소속 : 성 명 : ________

번 호	1	과제명	윤곽 가공
사용재료		100×80	
tool setting sheet			
공 구 명	공구번호	길이보정	반경보정
ϕ10 드릴	T01	H01	0
ϕ10 엔드밀	T02	H02	D02

번호	입력내용	설 명

번호	입력내용	설 명

7.5 추후 변경 및 추가사항

7.5.1 수동 공구 교환(수동으로 주축의 공구를 바꿀때)

① [핸들모드]에서 -[조작판]버튼을 눌러 조작판 화면으로 이동한다.

② [조작판]버튼을 한번 더 눌러 [Check Mode]모드가 있는 두 번째 줄로 커서를 이동한다.

주 [조작판]버튼을 한번 누를때 마다 커서가 우측으로 이동한다.

③ F1[Check Mode]키를 눌러 Check Mode를 ON 상태로 한다.
(□ : off 상태, ■ : ON 상태)

④ [조작판]버튼을 한번 더 눌러 tool unclamp가 조작화면으로 이동한다.

⑤ 왼손으로 주축의 공구를 잡은 상태에서 F3[tool unclamp : 공구풀림]키를 눌러 주축에서 공구를 풀러낸다.

⑥ 공구를 주축에 끼울때도 같은 방법으로 [F3(tool unclamp : 공구풀림)]를 누른 상태에서 삽입시킴.

⑦ [조작반]모드에서 빠져 나갈때는 핸들모드스위치로 다른 모드를 선택하면 된다.

7.5.2 공구길이 보정방법

① 기준공구로 Z축에 접촉→상대좌표 [Z0] set→[주축 정지]→핸들모드로 Z축 +방향으로 충분히 이송한다. [반자동]→G91 G30 Z0 ⏎

② [자동개시]→원하는 공구로 Change(15번 공구일 경우 T15 M06 ⏎ [자동개시])

③ M03 ⏎→[자동개시]→[선택]→[핸들]→Z축 접촉→상대좌표의 Z축 실재값 (예 63.630)

④ [화면]→[보정]→커서를 H015로 이동 63.63 ⏎

7.5.3 P/G 방법

G40 G49 G80 ; 초기화

G91 G28 X0 Y0 Z0 ; 원점복귀 : 현위치에서 바로 원점 복귀, X0 Y0 Z0는 경유점

G92 G90 X200. Y200. Z200. ; G92:공작물 좌표계 설정, G90:절대지령방식

G91 G30 Z0 ; 제 2원점 복귀(공구선택이 여러개일 경우)

T01 M06 ; (1번공구 호출 교환)

G90 S1000 M03 ;

⋮

밑줄친 G91, G90, G91, G90 블록의 G코드를 하나라도 안 썼을 경우 충돌이 발생함.

7.5.4 P/G 확인 방법

[선택]→[편집]→[more ☞]→선두(□)→[도안]→[scaling] : 이때 프로그램 알람이 발생하면 해당 블록 수정→신속확인(적당한 크기로 됨) : 확대, 축소 기능

- 충돌확인 방법은

[도안]→[설정]→[묘사평면]에서 XZ평면(7번)을 보는 것이 바람직함.

7↵하면 묘사평면이 7로 바뀜→[도안]→[스케일링]→[확인]

7.5.5 자동운전방법

[핸들]→X, Y, Z축 선택하여 기계원점으로 부터 －방향으로 충분히 이동

[선택]→[자동운전]→선두(□)로 프로그램 선두 이동

원점 복귀, 공구 교환, 좌표계 설정

공구의 DATA는 스위치 조작판넬의 [프로그램 보호키]를 OFF로 한 상태에서만 DATA 수정이 가능하다.

① 기계 ON후 기계원점복귀

② 공구교환(예 T01로 사용할 공구로 교환할 때)

㉠ 제2원점복귀

[반자동]모드 MDI화면에서 G91 G30 Z0. ⏎ - [자동개시] ----복귀완료

㉡ 현재 공구의 magazine port 번호 확인 (번) -----T01로 사용

㉢ [반자동]모드, (또는 핸들모드)에서 [화면]→[진단]→([PLC])→[more](☞)

→[DATA TABLE]에서 F7키(⇩)로 #002 화면 (group 2화면)을 찾는다.

㉣ 해당포트번호에 커서를 위치한 후 Data를 1로 수정(예 현재 data 4)

- 해당포트번호에 커서를 위치한 후 1 ⏎ ----- Data 4가 1로 바뀐다.

㉤ 같은 data가 다른 포트번호에도 있으면 알람이 발생하며 다음과 같이 바꾼다. F키중 [복귀]를 누른후 사용하지 않을 번호로 이동후 없는 Data로 입력

- 해당포트번호에 커서를 위치한 후 4 ⏎ ----- Data가 4로 바뀐다.

- 해제키를 누른다. -------알람 해제

㉥ [반자동]모드의 MDI화면에서 T01M06 ⏎ - [자동개시] ----공구교환

③ 좌표계 설정

㉠ 공구회전 : 반자동모드에서 S1000 M03 ; 입력후 자동개시 ----주축회전

㉡ 핸들모드에서 위치선택으로 상대좌표계를 선택한후

X접촉후 [X0], Y접촉후 [Y0], Z접촉후 [Z0]키 ---- 현재 상대좌표가 0,0,0이 된다.

X, Y축 반경만큼 이동후 [X0], [Y0],---프로그램 좌표 원점으로 할 부분의 상대좌표

㉢ 공구를 Z+방향으로 안전하게 이동 후 조작반의 [주축정지]버튼

㉣ 원점복귀 : [원점]모드를 선택 후 [8↑], [4←], [1↙]를 눌러 각축을 기계원점의 복귀

㉤ 공작물 원점에서 공구위치까지의 거리(상대좌표)를 확인하여 기록한다.

예 X 309.89, Y 152.7, Z 342.1[mm]

㉥ [편집]모드에서 가공할 프로그램을 찾는다.

㉦ 프로그램 편집화면에서 좌표계 설정 블록(G92)에 위에서 기록한 좌표값을 입력한다.

X 309.89, Y 152.7, Z 342.1 ;

◎ 모드변환 스위치로 [핸들]모드 선택하여 주축을 X−, Y−, Z− 방향으로 안전하게 이동

* 프로그램 좌표계를 설정완료

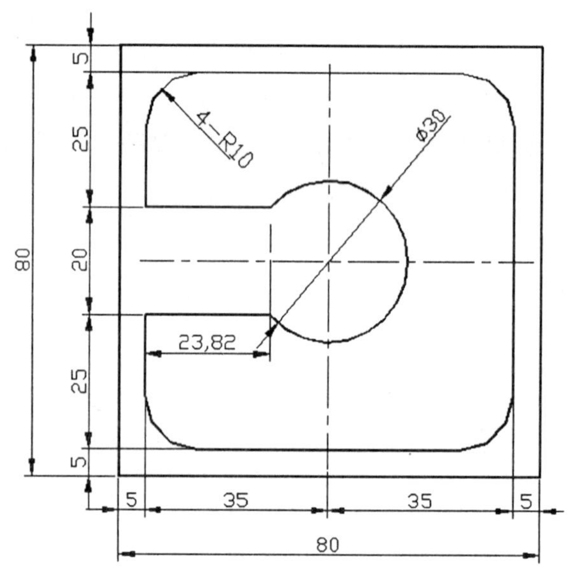

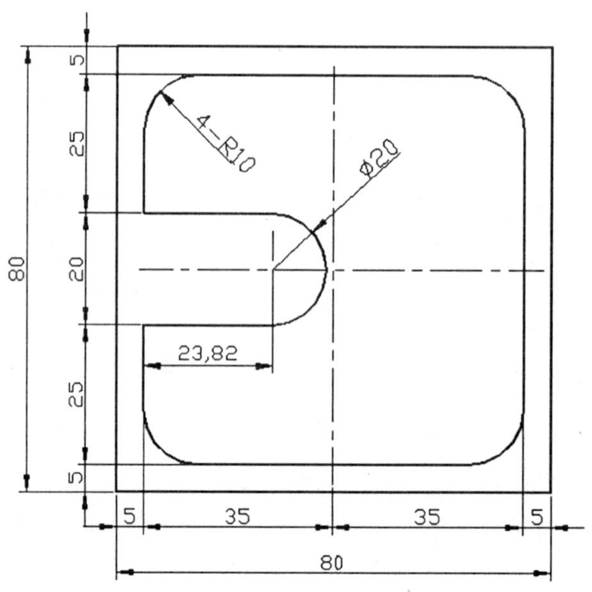

참 고

※ DNC 운전 설정요령

※ DNC 가공

(1) 전 송

① PC에서 파일을 작성한 프로그램을 연다.(예 GIBBS CAM)

② 메뉴의 [파일]-[설정]-[통신셋업]
 대화상자에서 선택

- **전송비율 : 4800**	- **Paret : Even**	- **data bit : 7**
- **stop bit : 2**	- **handshake : Xon/Xoff**	- **EOP : LF**

기계 콘트롤러에서 [화면]-[설정]-Page-[1/17]-TV check 1을 0으로 단, 조작기와 통신이 잘 안되면 TV check를 1로 할 것. 기계에서 먼저 DNC-자동개시 그리고 PC에서 전송 single block 가공도 가능

* 조작기에서도 출력준비 후 기계의 DNC-자동개시-조작기에서 출력실행하면 됨.

CNC 선반과 머시닝 센터

2012. 8. 3 인쇄
2012. 8. 5 발행

저 자 : 박성모 · 백현정
오태균 · 구자옥 공저

발행자 : 이진권

발행처 : 도서출판 **태영문화사**

주 소 : 서울특별시 강서구 방화2동 589-19

전 화 : 2661-8751

F A X : 2661-8798

등 록 : 1998년 11월 12일 제 2-2682호

정가 16,000원